四川省科技计划项目"智能监控视频关联结构化系统开发及其应用"（2019YFS0069）资助

图像去噪及图像有序性估计研究

章超　王刚　著

西南交通大学出版社

·成　都·

图书在版编目（ＣＩＰ）数据

图像去噪及图像有序性估计研究 / 章超，王刚著.
成都：西南交通大学出版社，2025.4. -- ISBN 978-7
-5774-0416-5

Ⅰ. TP391.413

中国国家版本馆 CIP 数据核字第 2025NP8691 号

Tuxiang Quzao ji Tuxiang Youxuxing Guji Yanjiu
图像去噪及图像有序性估计研究

章 超 王 刚 著

策 划 编 辑	李晓辉
责 任 编 辑	李晓辉
封 面 设 计	成都三三九广告有限公司
出 版 发 行	西南交通大学出版社
	（四川省成都市金牛区二环路北一段 111 号
	西南交通大学创新大厦 21 楼）
营 销 部 电 话	028-87600564　028-87600533
邮 政 编 码	610031
网 址	http://www.xnjdcbs.com
印 刷	成都中永印务有限责任公司
成 品 尺 寸	170 mm × 230 mm
印 张	11.25
字 数	231 千
版 次	2025 年 4 月第 1 版
印 次	2025 年 4 月第 1 次
书 号	ISBN 978-7-5774-0416-5
定 价	50.00 元

　　本书主要围绕图像去噪、图像有序性估计问题两方面展开研究，目前本研究实践可以直接应用到年龄估计、人群密度估计、美学估计、颜值打分、图像质量评估、医学图像疾病程度评估等实际问题中。

　　在图像有序性估计方面，本书首先从深度学习角度分析了有序性估计问题，特别是基于类别标签和有序性分值标签的关系提出了两种基于风险规则的方法：DTCNN 和 Risk-CNN。在 DTCNN 中，分类任务和回归任务被融合起来联合训练。在分类任务和回归任务两个任务相互促进的过程中，发现细的类别等级比粗的类别等级更有助于回归任务的学习。另外，通过分析 DTCNN 中分离层的神经元的激活情况，说明了 DTCNN 训练过程中两个任务存在着信息交互。为了进一步降低调试平衡因子的困难，将有序性约束条件嵌入到分类任务中，提出了基于条件风险规则的 Risk-CNN 模型。以上两个方法有较强的推广性，能够应用到其他有序性问题中。

　　基于模型的泛化性和稳定性，本书提出了两种网格丢弃的方法：

　　一是以特定的比例随机地丢弃一些图像网格，很好地保留了图像的空间结构，提高了模型的泛化性。为了更好地学习和理解图像，遮蔽网格的位置也作为一种监督信息，将掩蔽信息嵌入到训练目标中。在实验中从识别率、泛化能力和基于梯度的类别激活图的可视化三个方面阐述了该方法。本书还讨论了神经元丢弃和网格丢弃之间的关系，得出结论：对于中小型数据集，网格丢弃优于神经元丢弃，两者结合起来使用能进一步提高模型的识别率。最后，将提出的模型与主流的方法进行了比较，说明了提出的方法非常具有竞争力。

二是为了提高模型的稳定性，本书提出了基于多视角学习的网格丢弃方法。该方法主要将训练图片以网格的方式进行随机地遮挡，然后将这些多个视角遮挡的图片进行聚合，提出了基于多视角最大池化（MVMP）的分类方法、基于多视角最大池化的分类任务和基于平均池化的回归任务(MVMPAP)的分类方法。每一张原始图片的预测由多视角的遮挡图片来决定。通过进行对照实验和与主流方法比较的实验，获得了当前最佳性能。

为了进一步理解图像有序性估计，本书提出了一种基于样本权重的分类模型，能同时执行分类任务和深度类别激活图。对于前者，作者提出的分类模型取得了当前最好的识别性能，验证了方法的有效性。对于后者，深度类别激活图能够解释分类模型到底学到了什么，并能指出图像在空间位置上的有序性强度，另外有序性程度激活图在空间位置上的平均值代表着有序性评定。有序性等级类别激活图与有序性属性类别激活图之间存在着一定的联系，本书通过此关系建立起人的有序性视觉评估与模型的有序性评估之间的桥梁。基于深度类别激活图给出了一个应用：图像自动切割。本书提出的模型不仅能得到有序性评估结果，也能更深入地理解图像有序性空间信息。

为了让深度学习模型计算速度更快，更好地满足实际系统实时性要求，本书提出了一种新颖且紧致的模型——C3AE。与大模型相比，该方法非常有竞争力；与小模型相比，其结果又是当前最好的。大量对比实验验证了该基础模型的有效性和鲁棒性。此外,本书提出了一种新的年龄估计定义：两点表示方法，并采用级联的方式进行训练。针对小尺度图片，作者对模型的设计要求进行了分析，提出了一些建设性改进意见。

在图像去噪方面，为了更多地保留图像原有的纹理和边缘特征信息，本书给出了基于方向梯度模板的新型图像噪声检测算法。

第 1~6 章以及第 8 章内容由章超完成，第 7 章由王刚完成。

作　者

2024 年 10 月

目录 CONTENTS

第1章

绪 论

1.1 研究背景及意义

近几年，随着深度学习的广泛应用，计算机图像识别研究发展迅猛，图像识别在性能和实际应用上取得了很大进步。自 2012 年多伦多大学 Geoffrey Hinton 研究团队用深度网络 AlexNet[1]，以压倒性优势赢得了 ImageNet 2012[2]的比赛后，深度学习很快渗透到计算机视觉和机器学习的各个领域。目前几乎所有的图像识别和理解的应用都涉及，其主要优势体现在特征学习、深层结构、提取全局特征和上下文信息的能力等方面。

大数据、神经网络模型和超强的计算能力是深度学习能取得优异性能的三个主要因素。当前关于人工智能的话题很热，大量的企业和学术机构都涌入这个领域，人工智能在有些应用场景能够落地，工业界和学术界的鸿沟逐渐减少。产品落地主要来源于应用领域中大数据，而大数据解决或部分解决了模型的泛化能力。正是由于泛化能力的大大提升，才使得越来越多的产品落地。大规模图像数据集的获取因传感设备、存储空间等因素，相较过去有了很大进步。计算机视觉中图像识别和理解接下来的主要方向是应用深度学习来进行建模，不断应用到各个领域，并对深度模型不断进行优化。

图像有序性估计是一类特殊的图像识别问题，根据上面的分析，采用深度学习来识别有序性图像是大势所趋。但对于有序性估计来说，最关键的是如何将深度识别模型与有序性问题相结合。事实上，有序性估计有其特殊性，且许多的深度学习模型也不都是尽善尽美，在实际应用中还存在许多不足。在识别模型上，由最初的 AlexNet[1]和 VggNet[3]逐步发展成如今的残差网络 ResNet[4]、压缩网络 DenseNet[5]、压缩激活网络 SENet[6]、移动网络系列 MobileNets[7,8]、打乱网络系列 ShuffleNets[9,10]、模型搜索网络 NASNet[11]。如果直接把它们作为基础识别模型，不一定能取得较好的效果。

图像有序性估计通常被定义成一个分类或者回归的问题，其标签可以是连续的或者离散的，在计算机视觉中是一个非常经典和有挑战性的问题。图像有序性数据集与普通图像分类数据集最大的区别是图像间存在着有序性关系。图像有序性估计在计算机视觉和机器学习方面有着非常广泛的应用，比如年龄估计[12-14]、美学估计[15,16]、颜值打分[17]、图像质量评估[18]、年代估计[19]、脸面部动作强度估计[20]等。在很早以前，McCullagh 等人[21]和 Connell 等人[22]就引入了该问题，后来 Gutierrez 和 Liu 等人[23,24]给出了非常详细的综述。最近几年，随着深度学习的火热，CNN 被广泛地应用于各种视觉任务[1,12,25]，并获得了非常好的性能。当深度学习与有序性估计相结合时，该问题会呈现什么样的特点、与传统的方法有哪些不同、在深度学习中会存在哪些问题、在哪些应用场景会得到更好地应用？本书主要围绕这几个问题展开研究，前三章针对一般性的有序性估计问题，后两章考虑了两个具体应用。

1. 当深度学习与图像有序性估计结合，该问题呈现的特点

当使用深度学习对图像有序性估计进行处理时，图像有序性数据集与普通的图像分类数据集最大的区别是图像间存在着有序性关系。在传统方法中，有序性问题通常采用分类器结合有序性约束进行解决，或者是回归器结合类别信息。在 2000 年，Herbrich 等人[26]用度量距离来表示不同样本间的关系，然而因为特征表达能力不足导致效果不够理想。Chu 等人[27,28]通过预测连续的边界来划分有序性类别，考虑了类别间的有序性关系。在 2012 年以前，许多关于有序性的工作[15,16,19,29,30,103]主要用支持向量回归

（Support vectorreg ression，SVR）结合手工特征比如 HOG[31]和 SIFT[32]来进行解决。对于有序性回归问题，Lee 等人[19]构建了一个关于汽车年代估计的数据集，使用 SVR 和手工特征 HOG 来进行识别。在这种背景下，特征提取与分类器/回归器学习是两个完全独立的过程。不同任务间的优化通常采用交替迭代的方式，难以探究不同任务间的相互关系。

但是在深度学习中，特征提取和分类器学习是统一的过程，通过反向传播[33]，进行端到端的学习。借鉴传统方法的思想，在深度学习中能够定义多任务学习来处理有序性问题[34-36]。许多的有序性估计的问题会被定义成分类的任务，但有时候也会被定义成回归任务[37,29]。事实上，心理学家的研究[18,38]发现人类更倾向于进行类别评定，而不太擅长精确地对数值打分。因此，目前的很多应用[12,19,39,40]都倾向于做有序性图像分类，而不是精确的图像值预测。在这些应用中，许多方法通常单独训练一个分类器，将各个类别单独看待。这样的做法有一个很大的缺陷，类别间和样本间的有序性关系被忽略了。例如，在年龄估计中，将一个婴儿的年龄误判成一个儿童的年龄产生的代价与将一个婴儿的年龄误判成一个成年人的年龄产生的代价是一样的。这就是说，不同类别间的有序性关系被忽略了。在分类器中，类别间标签是相互独立的，而有序性信息没有被嵌入到深度网络中。

基于上述分析，可以考虑将分类和回归任务进行结合，统一嵌入到共享的 CNN 模型。两个任务共享 CNN 模型可以学到更好的特征表示。不仅能够对各个样本类别进行分类，还能同时处理样本间的有序性信息。考虑到分类和回归的任务，其标签的获得是至关重要的。当给定的标签是离散的，其对应的类别和有序性标签是相同的，但是分别代表不同的意义。当给定的标签是连续的，为了获得类别标签，需要将连续值根据不同的粒度划分成不同的等级，且不同粒度的划分在其中也起着关键作用。因此，希望探究不同粒度对回归任务的帮助情况。从模型设计的角度，考虑研究双任务模型在神经元激活方面的影响，探究在训练过程中双任务能获得更好的性能的原因。

2. 基于深度学习的图像有序性估计存在的问题

基于深度学习的图像有序性估计主要存在两方面问题：一是与有序性估计有关的样本集通常不大，较难训练理想的深度模型；二是图像有序性分类到底学到了什么？本章希望理解图像有序性分类及 CNN 模型的内部机理。

实际的识别问题往往千差万别，模型的泛化性能与模型的识别率同等重要。但在训练过程中，收集到的样本/样本集往往是有限的，如何提高算法的泛化性能已成为评价深度模型是否有效和实用的关键。目前深度学习往往需要非常大的训练样本，但并不是所有的实际应用都能获得如此庞大的训练样本，所以有必要给出一种增大训练样本库的方法，并且在效果上有很大提升。目前通用性的识别模型如 AlexNet、VggNet、InceptionV1-V4[41-44]、ResNet、DenseNet，SENet、NASNet 能够在许多数据集上获得非常好的效果，但是在实际应用中，算法的表现往往不太令人满意，最主要的原因是实际应用中往往存在样本量不足的问题。事实上，标注一个大型的数据集非常耗时，且需要投入大量的人力物力。在没有足够多样本的情况下，希望充分利用数据增强以最大限度提高模型的泛化能力。

深度学习的火热使得许多的工作将 CNN 看成是一个工具，输入图片就可以输出结果。但是有一些问题却被忽略了，为什么 CNN 能在该问题上有较好的效果，如何让 CNN 在有序性问题上发挥更好的作用？很多时候，并没有考虑其内部机理，仅仅将其看成一个黑盒子。同样地，图像有序性估计问题也是被如此对待，所以希望理解图像有序性估计模型到底学到了什么。

3. 有序性美学分类中存在的问题

图像美学评估通常指根据某种准则赋予图片以分值。但是人类更喜欢进行定性评定而不是定量评定，即更喜欢不同层次的评定，所以美学评估问题通常以美学分类为主。美学评定又是一项非常主观的任务，所以类别间的相似性和类别内的差异性是一直困扰美学评定的主要因素。在美学识别中,同类对象在视觉上的多样性与异类对象在视觉上的相似性严重影响着最后的识别效果。这就是说,既要考虑同类对象的差异性,又考虑异类对象的相似性。当前以深度学习为基础的有序性识别算法还存在一些问题,主要体现在对象的特殊性上,直接套用深度学习的主流框架难以解决实际问题。

通过上面的分析,许多性能优异的算法(大多在不同时期获得过领先的效果)没有考虑到应用背景的特殊性。在一般的识别系统中,识别错误的代价往往不会太大,但是有些识别应用中,不同的样本被误判的风险是不一样的。在模型训练中,识别代价的定义应该考虑到不同样本重要性不同的因素,因此不能以简单的识别率或常用的损失函数作为评判标准。解决这一问题的主要途径是改变评价指标。

此外,传统方法中的手工特征虽然不如深度学习方法具有更好的表征能力,但具有更强的可解释性和可视性。因为手工特征可以很直接地提取特征,并进行可视化,而深度学习是一种端到端的学习,难以较好地获得中间信息。基于此,本章希望探究美学 CNN 模型,并对其内部信息进行可视化,了解美学模型到底学到了什么。

4. 紧致性模型设计

近几年深度学习的火热发展容易将研究人员和工程人员带入一个误区:深度学习在表征学习方面是万能的,给定输入即得到输出。事实上,从 AlexNet、VggNet、InceptionV1-V4、ResNet、DenseNet、SENet 到 NASNet,尽管它们在不同时期都获得了最好的性能指标,但实际应用起来极不友好。实际场景中绝大部分硬件系统/云平台是支撑不了深度学习模型的超大计算量、内存量和存储量的需求。这些模型中大量的参数和模块是冗余的。虽然最近紧致性模型如 MobileNetV1-V2 和 ShuffleNetV1-V2 相继被提出,以解决大模型难以实用的困局,但它们的设计都是基于可分离性卷积(Separable convolution),往往只能针对特定数据集,且性能极不稳定。这里考虑一个具体应用:年龄估计问题——一个实时、紧致的深度模型。

1.2　相关基础理论及国内外研究现状

1.2.1　基于 CNN 的图像识别

图像识别是一个广义的概念，在计算机视觉领域，图像识别主要包括目标识别、目标检测、目标分割。在目标识别和检测中，传统的计算机视觉流程是先用手工的方式提取特征，比如 HOG[31]、SIFT[32]、LBP[45]、BOW[46]，然后采用浅层的分类器比如支持向量机、随机森林和 Boosting 等进行分类，特征提取和分类器是完全分开的两部分。深度学习是一个完整的端到端的过程，在运行效率和实验效果上都要优于传统的机器学习算法和浅层的神经网络方法。在图像识别中，近几年相继出现了 AlexNet、VggNet、NIN-Net、GoogLeNet、ResNet 等网络，将图像识别率提高到了一个新的高度。比如在 CVPR2016 最佳论文奖获得者 Kaiming He 的深度残差网络中，ImageNet 的 top-5 错误率被降到了 5%。2017 年，因为使用了 SENet，该错误率被降到了 3%。

深度神经网络试图通过模拟大脑认知的机理，解决各种机器学习的问题。1986 年，著名的反向传播算法（Back Propagation）[47]在 Nature 发表，用于训练神经网络，引起了很大反响，后来由于计算能力和训练数据有限，导致神经网络发展进入一个相对平缓的阶段。2006 年，Hinton 在 Science 上发表了文献[48]，阐明了深层神经网络结构的优势，其学习能力相比浅层的网络来说性能更优，能够学习到更本质的特征，并且与分类器一起训练分类性能更强；采用"逐层"训练的方法可以克服传统神经网络学习速度慢的缺点。通过这两个观点可以得出：深度神经网络模型模拟人大脑，比浅层的神经网络更符合大脑处理的机制（层次化处理），学习过程从具体到抽象，学习能力随着层数的增加会越来越强。在计算机视觉方面，自 2012 年 Hinton 研究团队用深度网络赢得了 ImageNet 的比赛后，深度学习很快渗透到计算机视觉和机器学习的各个领域。一个非常明显的趋势是，2013 年之后参加 ImageNet 的研究团队几乎全部使用的是深度学习模型,该模型的使用使得图像分类[1]和目标检测[49-53]的准确率有了前所未有的提升。

目前，深度学习模型中应用最为广泛的是卷积神经网络（CNN）[25]，该模型于 1989 年由 LeCun 为进行手写文字识别而提出的一种图像识别模型。Geoffrey Hinton 团队在 2012 年就是应用卷积神经网络[25]在 ImageNet 库的分类测试中取得了最好的成绩[1]。从 2012 年比赛后，几乎所有的图像识别和检测算法都是使用卷积神经网络和其改进模型。事实上，卷积神经网络的流行主要有以下几个方面：首先目前机器学习的对象拥有了像 ImageNet 这样千万样本级别的庞大数据库；其次 GPU 的高性能计算能力不断增强，这是传统的 CPU 所不可比拟的；最后是多种模型调优策略的刺激，比如随机梯度下降、Dropout[54]、ReLU[55]等。尽管这些策略并没有非常严格的理论证明，但是它们在模型运行中取得了较好的效果。

在图像识别中，许多学者认为 CNN 是一个黑盒子，没有很好的理论基础和证明支撑，但是 CNN 在特征提取和全连接层的强大功能使得其受到非常广泛的关注。事实上，CNN 有其合理的解释，处理起来也比较符合逻辑，只是目前没有严格的理论和数学证明而已。为了对卷积神经网络有更直观的认识，Zeiler 和 Fergus[56]给出了一种反卷积计算的模型，通过该模型可以直观地了解每个具体的卷积步骤及其效果。这个模型的出现使得卷积神经网络在可解释和可视化上不再那么神秘。2012 年之前，传统计算机视觉方法在 ImageNet 上 top-5 错误率是 26.17%。2012 年后 Hinton 的研究小组利用 Alex-Net 卷积网络将错误率大幅降到 15.31%，这种突破对于整个学术界和工业界都是震惊的。2013 的 ILSVRC 比赛冠军纽约大学 Rob Fergus 团队[56]和 2014 的 ILSVRC 比赛冠军 Google 团队[41]用深度学习不断刷新着图像识别的纪录。特别地，2016 年的冠军算法 ResNet 将 top-5 错误率降到 5%。

2014 年，深度学习开始在目标检测中得到广泛应用。在目标检测中，深度学习的广泛应用也对检测效果带来了很大提升。目标检测比目标识别的过程要更复杂一些，它包括目标定位和目标识别两部分。一幅图像中可能包含属于不同类别的多个目标，目标检测需要确定每个目标的位置和类别。ILSVRC2013 比赛的组织者增加了目标检测的任务，需要在 4 万张互联网图片中检测 200 类物体。当年的比赛中赢得目标检测任务的方法使用的依然是手动设计的特征，平均目标检测率只有 22.58%。在 ILSVRC2014 中，基于深度学习的方法将 mAP 大幅提高到 43.93%。2013 年 Girshick 应用深度学习进行图像检测，提出了经典的基于区域的卷积神经网络（RCNN）[52]。在此基础上，随后出现了许多有影响力的检测模型，主要有 SPPNet[57]，Fast RCNN[49]，SSD[58]，Faster RCNN[50]，Yolo[59]，Yolo9000[60]，Mask RCNN[61]等。目标检测中有两个关键问题：一是大量对象的预选框需要提前被找出来，二是预选框的位置需要进一步地进行微调。关于预选框的问题，常用较多的方法如 Selective Search[62]、MCG[63]、Edge Boxes[64]，这些办法在检测过程中需要耗费大量的时间，严重影响了检测的效率。其次，将预选框内的图像输入到卷积神经网络中，根据神经网络学习到的特征来进行分类识别和目标框的回归。2015 年，Faster RCNN 突破了这一模式，没有将预选框提前输入进神经网络，而是在特征图的基础上进行目标框的处理，该模型的提出使得目标检测的速度有了很大提升。2017 年，Mask RCNN 在 Faster RCNN 的基础上整合了检测和分割，设计了基于样例（Instance）的检测和分割模型。

1.2.2　相关基础理论

1. 数据增强

深度学习属于一种特征表达能力很强的机器学习系统。在进行大规模数据训练时，它往往能表现得很好，但是在测试过程中，通常难以达到理想的效果。导致这种现象的主要原因是模型在训练过程中出现了过拟合现象。在实际应用中，最好的解决办法是减小模型规模或者是进行数据增强。前者要求模型变小，减少参数量，减轻过拟合的程度。后者充分发挥对象特征不变性的特点，对样本数据进行多样化的变形，提高模型特征表达的能力，也能较好地减轻过拟合的程度。在实际的模型训练中，数据增强被应用得极为广泛，增加输入数据的多样性，以使模型进一步学习图片的不变性特征。尽管数据增强看起来非常简单，且没有提出改进的模型或者新的算法，但是它对于深度学习模型训练的重要性是毋庸置疑的。

对于图像识别来说，数据增强是实现几乎所有最好结果（State-of-the-art）的关键组成部分。数据增强有很多种不同的形式，特别是在深度学习应用中，将一组已知的不变性特征应用于输入数据，通常比直接在网络模型中理解这些知识更容易。在计算机视觉领域，最常见的增强策略包括剪切（Shear）X/Y、平移（Translate）X/Y、旋转（Rotate）、自动对比度增强（Auto Contrast）、反转（Invert），均衡（Equalize），曝光（Solarize），分层（Posterize），对比度增强（Contrast），颜色（Color），亮度增强（Brightness），锐度增强（Sharpness），切口（Cutout）和样本配对（Sample Pairing）等[65]。对这些增强策略以各种参数进行多种方式的组合能让模型学习更为鲁棒的特征表达。

除了进行数据增强外，减小网络规模也是一种非常有效的方法。Geoffrey Hinton 等人[54]于 2012 年专门提出随机神经元丢弃的方法（Dropout）。它的主要做法是在训练过程中从最后几个全连接层中随机地将一些神经元及其权重置零（包括它们的连接），很大程度上避免了神经元间的相互依赖。从另一个角度来看，每进行一次迭代，网络就重新训练一个新的子网络。经过大量的迭代次数后，网络逐渐收敛，相当于训练了一个集成（Ensemble）的学习系统。它能很好地控制过拟合问题，并提供一种有效地组合多种不同神经网络结构（每次迭代）的方法。

2. 普通卷积、分组卷积、可分离性卷积

深度学习中普通卷积是一种数学运算，接受两个输入：特征图和滤波器。后者在前者的多个通道上进行滑窗，然后在对应的位置进行内积，最后将多个通道的内积结果相加。从线性代数的角度来看，卷积也是一种线性运算，执行操作运算：$WX+b$，其中 W, X, b 分别代表滤波器、特征图和偏置。对每一个图像块来说，图像块上的对应点与滤波器相乘，然后将该图像块的所有乘积相加，得到某个通道的对应卷积值，最后将所有通道的卷积值再求和，如图 1-1（a）所示。它与信号处理中的卷积操作最大的区别是没有翻转操作。对于一个 CNN 网络来说，卷积操作会消耗最多的参数量、计算量和存储量。

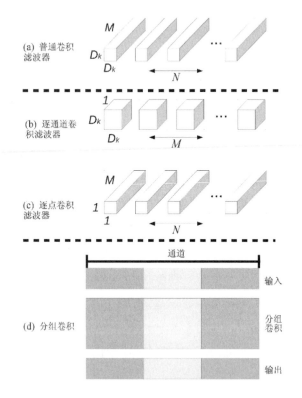

图 1-1　不同卷积间的关系

分组卷积最初在 AlexNet 中使用，主要是为了降低模型的存储和计算需求，后来在 ResNeXt[66]中得到进一步的应用，以提高模型的表征能力。这种卷积对特征进行分组的同时能降低模型的计算复杂度。在 AlexNet 模型中，分组卷积层包含有两个滤波器组，也就是将上一层的特征图分为两部分，分别用对应的滤波器组来进行普通卷积操作。这样的操作方式虽然使得卷积模块的过程变得复杂一些，但滤波器间的关系变得更稀疏，也能够学到更好的特征表达，如图 1-1（d）所示。后来出现的 ShuffleNets[9,10] 就是基于分组卷积进行通道打乱，以进一步提高可分离卷积的表征能力。

可分离性卷积将普通卷积分解成两部分：逐通道卷积图 1-1（b）和逐点卷积图 1-1（c）。前者是在输入的每个通道上独立执行空间卷积，不进行各个通道间的求和运算；后者是 1X1 的卷积，将逐通道卷积输出的通道投影到新的通道空间，组合各个通道，弥补逐通道卷积未进行通道求和运算的不足。普通卷积、分组卷积和可分离卷积的具体关系如图 1-1① 所示。

3. 过拟合学习问题

要训练一个好的机器学习模型，通常需要大量的训练样本。在理想情况下，训练样本的数据应该能够反映真实世界的数据，具有相同的数据分布。但是在现实生活中，训练样本往往是有限的，并且采集的训练样本有一定的局限性。所以经常会出现的现象是，在训练过程中训练损失非常小，有很高的识别率，但是在现实的测试中，测试的损失非常大，识别率不高。最理想的机器学习模型应该是一个不存在过拟合现象的模型，但是在现实中几乎不可能达到。因此评价一个模型好坏的标准有两点：一是训练和测试的损失函数曲线非常相近，二是测试的损失函数曲线较低。当数据量太小，模型会发生严重的过拟合。另外，数据的质量也很大程度上影响着模型的好坏。

在传统的方法中，即浅层模型，参数量不多，通常采用正则化策略来缓解过拟合问题。但是该方法会带来另一个不足，即训练损失和测试损失都很大，学习能力不强。最近几年，随着深度学习的广泛发展，模型的参数量越来越大，使得几乎绝大部分深度学习模型都存在着过拟合现象。当模型比较大时，学习能力增强了，但深度学习中的过拟合现象会更严重。这就是说，深度学习对于样本的需求量极大。

---

① 部分来自文献 MobileNets[7,8]和 ShuffleNets[9,10]。

　　另外一个问题是，用于训练机器学习算法的数据集并不完全代表算法要解决的问题。实际采集到的数据往往有很强的局部性（侧重于某些方面），训练的模型极容易对这些局部性数据过拟合，当算法应用于其他测试数据时，误差可能很大。这种情况下，只有两种解决办法：一是尽可能减小模型规模，二是重新收集更全面丰富的数据集。

1.2.3　主流 CNN 模型

　　主流 CNN 模型的发展从时间节点上看，可以分为两个阶段：深度学习广泛发展前（2012 年以前）和最近几年的发展（2012 年至今）。在 2012 年以前，由于数据集、计算力和深度学习模型的不成熟，CNN 并没有得到广泛的应用和发展。Lecun 等人[25]于 1998 年提出的卷积神经网络 Lenet-5 成功地应用于 Mnist 手写数字识别。但是在 2000 年初期，神经网络并没得到很好的发展，直到 2012 年 Geoffrey Hinton 团队采用 AlexNet 在 ImageNet 上获得绝对领先后，深度 CNN 才受到越来越多人的关注。

1. LeNet-5

　　最早的 CNN 网络是由 Lecun 等人[25]于 1998 年提出，主要受到生物视觉皮层神经元激活现象的启发，进行手写数字识别，如图 1-2 所示。后来，LeNet-5 因效果不错被广泛应用于银行支票上的字符识别。事实上，最早的字符识别是通过手工特征结合浅层分类器来学习分类不同的字符，而 LeNet-5 能自动地从原始图像中学习最佳的特征表达。CNN 网络有三个核心思想：局部感受野、共享权重和空间下采样，其中最为重要的是共享权重，即滤波器在特征图上不同的位置进行激活。

　　LeNet-5 的输入图像尺寸为 32×32，共包含两个卷积层、两个池化层和三个全连接层，具体如图 1-2 所示。LeNet-5 能够在 Mnist 数据集上实现低于 1%的错误率，表现出了非常好的性能。在后来的发展中，CNN 并没有得到广泛应用，主要是因为大尺度的图片对计算量和模型参数消耗很大，而当时的条件难以满足它的需求。

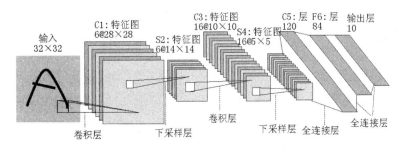

图 1-2 LeNet-5 网络模型[25]

2. AlexNet

AlexNet 的输入图像尺寸为 227×227×3，共包含 5 个卷积层和两个全连接层，如图 1-3 所示，其中前面几个卷积层的卷积核设置得比较大，比如 11、5。卷积层结束后连接一层 9216 个神经元的全连接层，然后再连接两个 4096 个神经元的全连接层。AlexNet 包含 6000 万个参数，对显存的消耗极大，所以它采用了分组卷积（Group convolution）来节省计算量和存储。这个时间节点，Geoffrey Hinton 团队并没有对分组卷积在性能上进行分析和研究，主要是为了节约计算资源。从 InceptionV4 开始，分组卷积在性能上的优势逐渐被发掘。

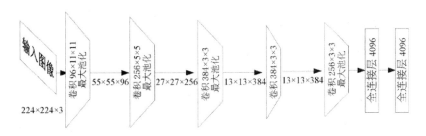

图 1-3 AlexNet 网络模型[1]

AlexNet 模型在普通 CNN 模型的基础上做了三点改进：一是提出使用 ReLU 激活函数替代 Sigmoid 或 Tanh 函数，在速度和精度上有了质的飞跃。

二是提出用 Dropout 来缓解过拟合问题，在某种程度上也可以看成是一个集成学习模型，说明了常规性的正则化策略并不适合神经网络模型。三是将 CNN 在更大的数据集和更深的模型上进行实验，包含 5 个卷积层和 2 个全连接层，共有大约 65 万个神经元。

3. VggNet

2012 年 AlexNet 爆发后，研究人员一直试图叠加更深的网络模型。2014 年，Simonyan 和 Zisserman[3]发布了由 16 个卷积层、多个池化层和三个全连接层组成的 VGG16 模型。其主要特点是将多个卷积层与产生非线性变换的 ReLU 激活函数连接起来，全部采用 3×3 的卷积，并将它们层层叠加起来。实际上，引入非线性激活函数可以让模型学习更复杂的模式，多个非线性层的表征能力总是强于单个非线性层的表征能力。最重要的是，因为大量引入了 3×3 的卷积，极大地减少了网络参数量。这些改进使得该模型在 2014 年 ImageNet 挑战赛中达到了 7.3%的错误率（top-5），比 AlexNet 模型性能提升了一倍。VGG-16 模型结构非常简单，没有使用太多的超参数，只是在卷积层中使用步长为 1 或者 2 的 3×3 卷积滤波器。VggNet 将参数量从 AlexNet 的 6000 万减少到了 400 万，至今仍然受到广泛应用。

4. ResNet

从 AlexNet 到 VggNet，卷积神经网络模型的主要趋势是网络深度逐渐增加。Kaiming He 于 2015 年分析了网络深度的增加涉及到错误率的增加，不是由于模型过度拟合，而是由于训练和优化困难所导致。于是提出了著名的残差网络（ResNet）[4]，通过在一个或多个卷积层的输出与其原始输入之间建立一个恒等映射连接，如图 1-4 所示。换句话说，该模型试图学习一个残差函数，而不是学习一个与原来对象几乎恒等的表征。显然前者在网络训练中更容易实现。残差网络保留输入的大部分信息，只产生或者学习非常微小的变化信息。在网络设计实现过程中，引入了捷径直连（Skip connections）的概念，并将直连和变换的结果进行求和。这种捷径直连能够让网络叠加得更深，并且更易于学习，能够很好地解决因网络加深而产生的梯度消失问题。此外，该方法没有任何参数需求，也不增加模型的计算量。该模型使用 152 个 3×3 的卷积叠加，每两个卷积层添加一个残差模块，以 3.57% 的 top-5 错误率赢得了 2015 年 ImageNet 的冠军。

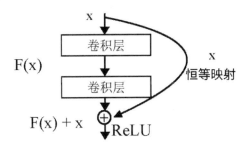

图 1-4　ResNet 网络模型[4]

5. InceptionV1-V4

Inception 系列对网络的卷积模块进行优化设计，用更少的参数和计算量得到更高的识别率。总的来说，Inception V1-V4 的思想归纳起来有三个步骤：特征输入分离、特征变换（不同尺度的卷积）和合并，并且充分利用 1×1 的卷积。

在 2014 年，Szegedy 等人[41]在分析卷积模块的基础上，提出了 GoogLeNet（也称为 Inception V1）。GoogLeNet 主要对卷积模块进行优化设计（并不是针对整体构架），使用了 1×1、3×3、5×5 的卷积进行组合，同时增加网络深度和宽度，并使用全局平均池化层代替了普通全连接层。该模型总共包含 22 层，全部使用 Inception 模块，每个模块是由 3×3 卷积、5×5 卷积层和 3×3 的池化层构成，提高了模型的稀疏性。从另一个角度来看，就是使用了不同尺度的模板对特征进行学习，以适应不同尺度的对象，最后将所有的特征输出串联起来，如图 1-5（a）所示。Inception

V1 模型 top-5 错误率在 ImageNet 上达到 6.7%，高于 VGG-16 在 2014 年的性能，且模型存储需求大大减少（只需要 55MB）。模型在存储上的差距主要来自于 VGG-16 中最后的三个全连接层，而 GoogLeNet 使用了全局平均池化层。

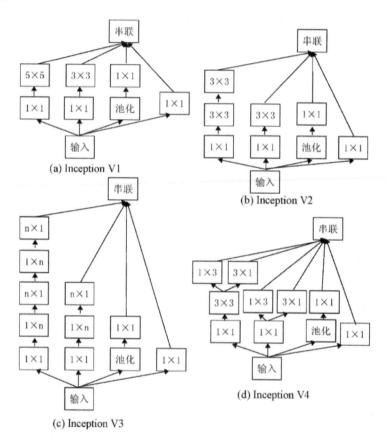

图 1-5　InceptionV1-V4 网络模型[41-44]

2015 年，Szegedy 等人[42]在 Inception V1 的基础作了改进，提出了 Inception V2 模型，如图 1-5(b)所示。该模型主要改进了两点：一是 Inception V2 首次提出了层内批量归一化（Batch normalization，BN）的概念，并应用到卷积模块中；二是用两个 3×3 的滤波器替换掉初始模块中的 5×5 滤波器，相当于进行卷积分解，减少了初始模块中的参数量，降低了计算成本。最后，Inception V2 模型在 ImageNet 比赛中达到了 5.6% 的 top-5 错误率。

更进一步，Szegedy 等人[43]对卷积再次进行分解，提出了 Inception V3 模型，如图 1-5（c）所示。一个 n×n 的卷积能够被分解成两个形如 1×n 和 n×1 的一维卷积。这种操作方式既可以加速网络训练，又可以进一步加深网络，增加网络的非线性表征能力。在 ImageNet2012 的挑战中，最终达到了 3.58% 的 top-5 错误率。另外需要注意的是，网络的输入尺寸变为 299×299。

在 ResNet 模型的基础上，Szegedy 等人[44]使用 Inception 模块结合残差模块构建了基于残差的 Inception 模块（Residual inception block），学习更深层次的特征。这种结合大大加速了 Inception 模块的训练，也进一步增强了特征表达的能力，见图 1-5（d）。InceptionV4 可以更快更好地进行模型训练，并在 ImageNet 比赛中超越所有其他模型，top-5 错误率达到了 3.08%。

6. DenseNet

DenseNet[5]于 2016 年由 Huang 等人提出。在每一个网络模块内，每一层都从前面的所有层获得额外的信息，并将其自身的所有信息传递到后面的所有层，并使用串联的形式进行合并，每一层都从前面的所有其他层得到整合的信息。它不同于 ResNet，通过捷径直连将上一层的所有信息传递给后面层，且不以相加的形式进行整合，具体如图 1-6 所示。由于每一层都通过串联的形式吸取前面任一层的信息，每一层的自身通道数（除其他串联通道以外的通道数）一般设置的比较小，且每一层的特征尺度往往也不大，所以使得该模型比 ResNet 更紧致高效。DenseNet 的特征也比 ResNet 的特征要丰富地多，不像 ResNet 只接收上一层的信息。另外由于每一层都与前面的所有层直连，又与后面的每一层也直连，模型在训练过程中的损失函数能得到更好的反馈，不会随着网络层数的加深而有所衰减。

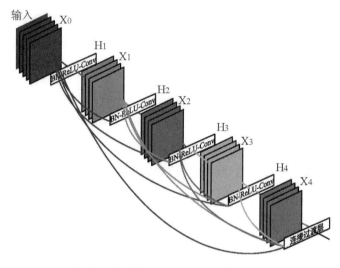

（a）密集模块（Dense block）

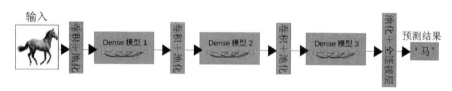

（b）密集网络（Dense network）

图 1-6　DenseNet 网络模型[5]

7. SENet

Hu 等人[6]于 2017 年提出了挤压和激励模块（Squeeze-and-Excitation，SENet），如图 1-7 所示。SENet 首先在特征图上执行基于通道的全局平均池化，然后连接多个倒瓶口形式的全连接层，最后结合 Inception 模块和残差模块的思想将各通道进行加权处理。总的来说，SENet 设计了一个参数量少、对各特征通道进行加权的卷积模块。此外，它还赢得了 2017 年 ImageNet 挑战赛的冠军，达到了 2.25%的 top-5 错误率。

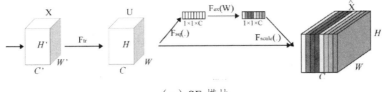

（a）SE 模块

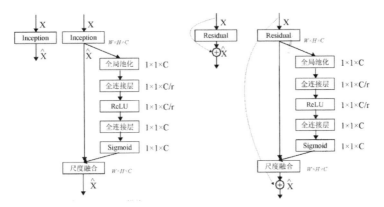

（b）Inception 和 SE-Inception 模块 （c）Residual 和 SE-ResNet 模块

图 1-7 SENet 网络模型[6]

8. ResNeXt

ResNeXt 模型[66]是在 ResNet 的基础上，嵌入了 Inception 的思想，并将分组卷积应用到模型中。ResNeXt 获得了很好的识别性能，是 ImageNet2016 年分类任务的第二名。它将 ResNet 和 Inception 的思想进行结合，网络模块如图 1-8 所示。相比 ResNet，ResNeXt 因使用了 Inception 模块（包括分组卷积），所以网络变得更"胖"，参数更少，表征能力更强。相比 Inception，ResNeXt 又加入了恒等映射，且每个分支都是一样的拓扑结果。Inception V1-V4 的卷积模块在进行分离后，变换操作都是不一样的，希望能整合不同尺度的信息。但是 ResNeXt 采用分组卷积进行分离，所有的变换操作都相同。

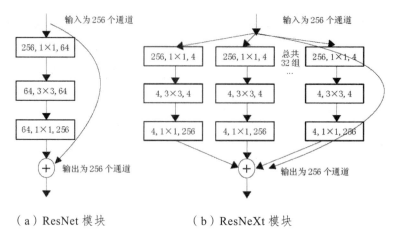

（a）ResNet 模块　　　　　　　（b）ResNeXt 模块

图 1-8　ResNeXt 网络模型[66]

9. NASNet

前面所有的网络设计都是基于人工经验和大量的实验结果，很难找到最优或者更优的模型。为了进一步自动化模型设计，Zoph 和 Le[11]于 2017 年发表了一个自动机器学习的新工作（Auto-ML），命名为模型搜索网络（Neural architecture search，NAS），如图 1-9 所示。它首先定义一个搜索空间（代表 CNN 网络的不同设置），然后使用强化学习来搜索一组最好的马尔科夫链。对于给定的搜索空间，可以搜索到一组最佳的 CNN 网络，比如网络层数，每一层的通道数、卷积核大小、步长等。

针对给定数据集，NAS 方法采用强化学习来搜索最合适的模型，如图 1-9（a）所示。利用强化学习机制训练一个循环神经网络控制器（RNN controller），预测产生一个卷积神经网络 CNN，且设计出的网络在给定的数据集上能取得最好的性能，如图 1-9（b）所示。RNN 控制器能产生一串信息，用于构建 CNN 网络。在图 1-9（a）中，RNN 控制器用来选择不同的 CNN 网络组合方式，然后对该组合方式的 CNN 网络进行训练和测试，并得到测试识别率 R。接下来，将识别率 R 作为一种反馈（Reward）来训练和更新 RNN 控制器。控制器 RNN 以上一个状态为观测点，再以一定的概率预测/采样新的 CNN 组合方式。NAS 方法采用策略梯度（Policy gradient）

优化一个不可微的目标，即网络的识别率（Accuracy）。上述整个过程依次进行，并反复循环进行。图 1-9（b）中预测的 CNN 网络主要考虑卷积层的设置，使用 RNN 去预测生成卷积层的各种超参数，这些超参数包括：卷积的类型、卷积核的大小、卷积核的滑动步长、卷积核通道数。RNN 中每一个预测的输出作为下一个预测的输入，并且循环进行下去。最终搜索到的模型在 ImageNet 2012 数据集上的获得了 3.8% 的 top-5 错误率。

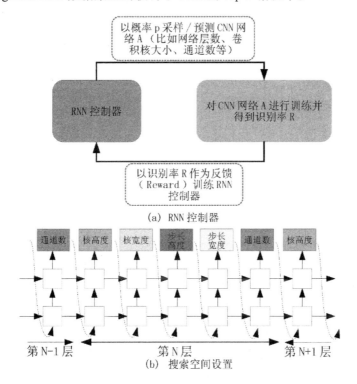

图 1-9　NASNet 网络模型[11]

10. MobileNet V1-V2

自 2012 年开始，图像识别领域逐渐出现了一种趋势，模型越来越深，计算量和存储越来越大。这种趋势很大程度上限制了深度学习在实际场景中的应用。一般来说，实际场景能够承受的参数需求量、计算量和存储量都是极其有限的，特别是对于一些车载设备、移动端设备、嵌入式设备或特制芯片来说。所以，面向移动设备和嵌入式设备的计算机视觉任务面临着一个重大的挑战，深度模型必须具备在有限的硬件设备上实时运行，并具有高精度、低计算量、低存储量等特点。总的来说，之前的大量工作，特别是 2017 年以前，都是在通过各类复杂的模型设计不断提高模型的表征能力，但是并没有太多考虑到模型的轻量可实用性和可移植性。为了解决该问题，从 2017 年开始，MobileNets[7,8]和 ShuffleNets[9,10]系列工作相继被提出，采用了可分离性卷积来替代普通卷积，以极大地减少参数量。在这些模型中，普通卷积通常被分离成两步：对应逐通道卷积和不同通道间的组合。比如在 MobileNets 系列工作中，对应分离操作首先对相应的特征通道进行卷积，如图 1-1（b）所示，而不是对所有的特征通道进行卷积然后相加。这种操作能极大地减少参数数量和计算量。接下来，1×1 的逐点卷积，如图图 1-1（c）所示，将不同通道特征进行信息整合，其实就是一种加权的信息融合。ResNet、Mobilenet V1 和 Mobilenet V2 间的关系如图 1-10[①]所示。

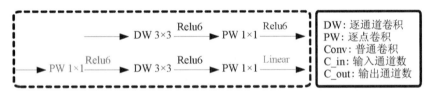

（a）MobileNetV1 和 V2 在卷积模块设置上的区别

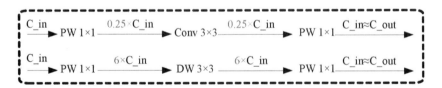

（b）ResNet 和 MobileNetV2 在卷积模块通道数设置上的区别

图 1-10　MobileNets 系列工作

　　对比 MobileNets V1,MobileNets V2 在逐通道卷积的前后都加入了 1×1 的逐点卷积，目的是在进行逐通道卷积时，能够有很大的通道数。逐通道

---

① 该图部分参考自网页 https://blog.csdn.net/u011995719/article/details/79135818

卷积切断了各特征通道间的关系，极大地影响了特征表达能力。为了弥补这一损失，需要用 1×1 的逐点卷积来增大逐通达卷积的通道数。与 ResNet 相比，MobileNets V2 先升通道然后降通道。而 ResNet 使用的是普通卷积，为了进一步增强特征表达能力，采用了倒瓶口的网络设计方式，先降通道然后升通道。这两者的操作方式完全相反，但是不影响它们各种目的。

11. ShuffleNetV1-V2

在 MobileNet 的基础上，Zhang 等人[9,10]相继提出了 ShuffleNet 系列工作。如图 1-11 所示，ShuffleNet V1 网络采用分组卷积（Group convolution）将特征图分成一些不同的组，然后进行通道打乱的操作。

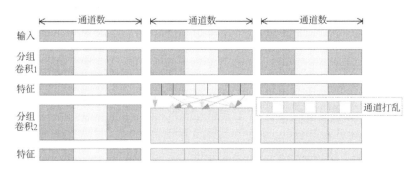

图 1-11　ShuffleNetV1 网络模型[9]

ShuffleNet V2 主要在 ShuffleNet V1 的基础上提出了四个能提高模型速度的设计准则，在速度和识别率上都超过了 MobileNct 系列和 ShuffleNet V1 的结果。该工作不再以理论上的 FLOPs（或者 MACCs）作为评判速度的主要指标，而是考虑了内存访问成本（Memory access cost，MAC）。具体的四条指导原则有：一是可分离卷积中的输入输出最好有相同的通道数，以保证内存访问消耗最低；二是分组的数目不能太大，否则会影响模型速度；三是 Inception 式的卷积模块不适合 ShuffleNet 系列工作；四是在直连时（Skip connections），不要采用逐元素相加，最好采用串联的形式。

总的来说，从 2012 年至今，CNN 模型的发展史基本是围绕着 ImageNet 竞赛展开的，因为该数据集是公认的最具评判性的数据集，有超过 1500 万张图片。计算机视觉的其他应用，比如目标检测、目标分割、目标跟踪等都是以目标识别的最好模型作为基础模型，嵌入到各自的应用背景中。表 1-1 给出了最近几年主流 CNN 模型在 ImageNet 上的性能比较，反映了最近几年 CNN 的发展史，特别是模型设计上。从 2017 年开始，许多的工作不再以单纯的识别率或者表征能力作为评价模型的标准，而是同时考虑模型的大小和识别率。事实上，这种趋势就是为了满足工业界的实际应用需求。

图像识别和深度学习是当前计算机视觉领域非常活跃的研究热点，表 1-1 反映的仅仅是近些年的主流工作，并不详尽。事实上，现在几乎每个月都有大量新的识别方法在不断涌现。

表 1-1　最近几年不同模型在 ImageNet 上的结果

网络模型	时间	ImageNet12	ImageNet14	ImageNet15	ImageNet17
AlexNet (%)	2012	15.3	-	-	-
VGGNet-16 (%)	2013	-	7.3	-	-
Inception V1 (%)	2014	-	6.7	-	-
Inception V2 (%)	2015	5.6	-	-	-
Inception V3 (%)	2015	3.58	-	-	-
ResNet (%)	2015	4.49	-	3.57	-
Inception V4 (%)	2016	3.08	-	-	-
SENet (%)	2017	-	-	-	2.25
NASNet (%)	2017	3.8	-	-	-
MobileNet V1 (%)	2017	29.4(top-1)	-	-	-
ShuffleNet V1 (%)	2017	25.2(top-1)	-	-	-
MobileNet V2 (%)	2018	25.3(top-1)	-	-	-
ShuffleNet V2 (%)	2018	22.8(top-1)	-	-	-

1.3 本书的主要内容及章节安排

本书对图像去噪、图像有序性估计的相关问题进行了研究。在深度学习背景下，对图像有序性估计进行了再分析，从不同的角度提出了相应的改进方法。针对有序性数据集不大的问题，提出了基于网格丢弃和网格丢弃位置的学习方法，并对有序性图像进行了可视化理解。在网格丢弃的基础上，提出了基于多视角网格丢弃的学习方法。最后，针对两个具体的应用和存在的问题，提出了相应的解决办法。本书考虑深度学习的三个基础层面:算法层面、数据层面、算力层面，分析三者之间的关系，如图 1-12 所示，能够对论文的结构和章节之间的关系有更直观的认识。总的来说，前面三章（第二、三、四章）是方法上的进一步扩展，后面两章（第五、六章）是针对两个不同应用的研究；第七章是基于方向梯度模板的新型图像噪声检测算法，该章内容由王刚老师单独提供。具体来说，本书的主要内容和章节结构安排如下：

第一章，主要介绍了研究背景及意义（1.1 节），给出了深度 CNN 的相关基础知识和比较主流的 CNN 模型和发展趋势（1.2 节）。

第二章，首先分析了基于深度学习的两个不同任务的必要性（2.1 节），接着给出了图像有序性估计的相关工作（2.2 节）。本章重访有序性年龄估计问题，并从深度学习的角度研究了有序性关系（2.3.1 节）。基于该问题，本章提出了 DTCNN（2.3.2 节），能同时训练分类和回归任务，并且两个任务间相互帮助。此外，发现细的粒度对回归任务的帮助比粗的粒度对回归任务的帮助更大（2.4.2.3 节），这就是说合适的粒度划分对于共同学习是很有必要的。此外，为了进一步探索双任务相互帮助的原因，分析了神经元激活的情况（2.4.2.4 节）。最后，提出了风险 CNN 模型 Risk-CNN（2.3.3 节），将有序性约束嵌入到分类任务中，并获得了非常有竞争力的结果。实验部分验证了 DTCNN（2.4.2 节）和 Risk-CNN（2.4.3 节）的有效性。

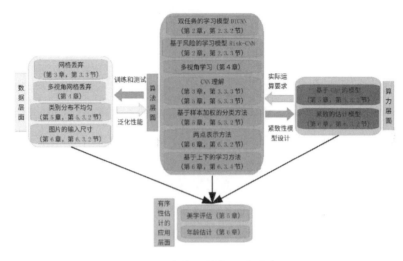

图 1-12　本文的结构和章节关系

第三章，首先分析了网格丢弃和掩摸标签的必要性（3.1 节），接着给出了有序性图像分类和可视化的相关工作（3.2 节）。针对有序性分类中的过拟合问题，本章提出了一种网格丢弃的方法（3.3.1 节），丢掉一些图像网格以减轻过拟合的程度，能获得更好的识别性能。在训练过程中，利用丢弃图像块的位置信息（3.3.2 节）来进一步加强模型对于图像结构的理解，丢弃图像块的位置能够给有序性分类带来额外的性能提升。在图像理解方面，使用 gradCAM 来可视化图像的判别性区域（3.3.3 节），且网格丢弃方法能获得更好的可视化效果，能学习到更完整的面部特征信息。最后分析了神经元丢弃和网格丢弃的关系（3.3.3 节、3.4.3 节），发现网格丢弃结合神经元丢弃能获得更好的性能（3.4.3.1 节、3.4.4.1 节），单独使用网格丢弃的结果要优于单独使用神经元丢弃的结果（3.4.3.2 节、3.4.4.2 节）。

第四章，基于第三章的内容，接着提出了一种多视角的学习方法。它主要将训练图片以网格的方式进行随机地遮挡，然后将这些多个视角遮挡的图片进行聚合，提出了基于多视角最大池化（MVMP）的分类方法（4.2 节），以及基于多视角最大池化的分类任务和基于平均池化的回归任务（MVMPAP）（4.3 节）。每一张原始图片的预测由多视角的遮挡图片所决定。在实验中，执行了对比性实验和与主流方法比较的实验，获得了当前最好的性能（4.4.2 节）。

第五章，针对图像美学问题，本章希望得到一个性能优异的美学等级分类器并理解等级分类器是如何学习的。首先，针对 AVA 数据集中样本分值不均匀的问题（5.1 节），特别是模棱两可的样本，提出了一种样本加权的分类模型（5.3.2 节）。其中，较低的权重给予模棱两可的样本，较高的权重给予明确的样本（5.4.4 节）。其次，本章提出的模型能以端到端的形式同时执行分类和美学理解（5.3.1 节、5.3.3 节）。再次，为了解释深度美学模型到底学到了什么（5.3.3 节），联合训练了两个分支：一方面考虑图片的美学等级；另一方面考虑模型的美学属性。我们发现美学激活图与属性激活图是比较对应的（5.4.6 节），说明美学等级和美学属性应该存在某种关联。最后，研究了基于美学激活图的图像切割（5.3.4 节、5.4.7 节），该方法不同于已有的使用自下而上的显著图或者是划窗产生的显著图。

第六章，针对年龄估计问题，本章提出了一个极紧致且性能优异的模型。首先，研究了通道数与可分离性卷积特征表达之间的关系（6.3.1 节），尤其是针对小尺度图像。本部分的分析和实验结果提倡再思考 Mobilenet 和 Shufflenet 系列工作及其在中小尺度图像上的应用（6.4.3.1 节）。其次，本章提出了一种利用分类、回归和分布信息的两点表示方法（6.3.2 节、6.4.3.2 节），并设计了一个级联模型来对网络进行训练（6.3.3 节）。最后，本章提出了一种基于上下文信息的以多尺度图像为输入的年龄估计方法（6.3.4 节、6.4.3.2 节），该模型被命名为 C3AE。与其他紧凑型模型相比，其性能达到了当前最好的水平（6.4.3 节），甚至超过了许多大模型的识别性能（6.4.4 节、6.4.5 节）。C3AE 模型非常紧凑，基础模型仅为 0.19MB，整体模型为 0.25MB，可以部署在任何应用场景，尤其是低端设备和嵌入式平台上。

第七章，尝试将分数阶积分理论用到图像处理中，提出一种基于分数阶微分的图像噪声点的检测算法，用于检测图像中添加的随机噪声，并有效检测出图像中添加的随机噪声点位置。

第八章，对全书作了总结，给出了本书存在的一些问题及可能的解决办法。

第 2 章

重访图像有序性估计

图像有序性估计通常被定义成一个分类或者回归的问题，在计算机视觉中是一个非常经典和有挑战性的问题。近些年，随着深度学习的火热，许多的工作将 CNN 看成是一个工具，输入图片输出结果。同样地，图像有序性估计问题也是被如此对待。但是有两个问题却被忽略了，为什么 CNN 能在该问题上有较好的效果，如何让 CNN 在有序性问题上发挥更好的作用？在本章中，我们在深度学习的背景下重新思考图像有序性估计。针对有序性关系，提出了两个改进的 CNN 模型。首先，本章提出了一个双任务学习模型（Double-task convolutional neural network，DTCNN），一方面考虑有序性图像的类别属性，另一方面考虑有序性关系。在该模型的基础上，从三个方面进一步分析了双任务的 CNN 模型能起作用的原因：一是双任务间的关系；二是双任务的粗细化类别等级；三是双任务上的神经元激活情况。为了避免通过大量尝试性实验来选择合适的平衡因子，进一步提出了风险模型 Risk-CNN，将有序性关系嵌入到分类任务中。基于贝叶斯风险规则，使用动态的加权损失函数将类别信息和有序性信息进行融合。在两个不同的有序性数据集上，验证了 DTCNN 和 Risk-CNN 的有效性。

2.1　有序性分类和回归的必要性

图像有序性数据集与普通的图像分类数据集最大的区别是图像间存在着有序性关系，如图 2-1 和图 2-2 所示。图像有序性估计在计算机视觉和机器学习方面有着非常广泛的应用，比如年龄估计[12,19]、美学估计[15,16]、颜值打分[17]、图像质量评估[18]等。有序性估计问题的标签可以是连续的或者是离散的。事实上,心理学家的研究[18,38]发现人类更倾向于进行类别评定,而不太擅长精确地对数值打分。因此,目前的很多应用[12,19,39,40]都倾向于做有序性图像分类,而不是精确的图像值预测。在这些应用中,许多方法通常单独训练一个分类器,将各个类别单独看待。这样的做法有一个很大的缺陷,类别间和样本间的有序性关系被忽略了。例如,在年龄估计中,将一个婴儿的年龄误判成一个儿童的年龄产生的代价与将一个婴儿的年龄误判成一个成年人的年龄产生的代价是一样的,如图 2-1 和图 2-2 所示。这就是说,不同类别间的有序性关系被忽略了。在这个分类器中,类别间标签是相互独立的,而有序性信息没有被嵌入到深度网络中。

图 2-1　不同类别间的有序性估计图例 1

　　注:实验中使用的是来自 AdDb[12]数据集的图片,它们的标签集为{0,1,2,…,7}。

图 2-2　不同类别间的有序性估计图例 2

　　注:实验中使用的是来自 CarDb[19]数据集的图片,它们的标签区间是[1920, 1999]。

　　许多的有序性估计问题会被定义成分类的任务,但有时候也会被定义成回归任务[37,29]。从另一个角度来说，精确值的回归问题能够看成一个精细化的分类问题，并且需要大量的学习样本。比如，假设一个回归问题的标签区间是[0,70]，该回归问题可以看成是一个 71 类的精细化识别问题。用这种思路来解决的前提是有非常足够的样本来进行训练。在传统的方法中（深度学习未流行以前），回归器的学习与特征是分开的：先提取特征，然后训练回归器。这种方式最大的好处是不需要太多的训练样本，但是通常泛化能力不强。在深度学习大规模发展后，CNN 的训练非常依赖于样本集，尤其是对于精细化识别。在许多实际应用中，对样本进行精细化标记是很难的，且非常耗时，这极大地限制了准确值回归的应用。

最近几年随着深度学习的火热发展，CNN 被广泛地应用于各种视觉任务[1,12,25]，并获得了非常好的性能。在传统的方法中，有序性问题通常采用分类器结合有序性约束进行解决，或者是回归器结合类别信息。在这种背景下，特征提取与分类器/回归器学习是两个完全独立的过程，通常采用交替迭代的方式进行优化，两个任务间的信息交互很少。但是在深度学习中，特征提取和分类器学习是连成一体的，通过反向传播[33]，进行端到端的学习。基于这些传统的方法，在深度学习中我们能够定义多任务学习来处理有序性问题[34-36]。

基于上述分析，能将分类和回归任务进行结合，统一嵌入到共享的 CNN 模型，因此称其为双任务的卷积神经网络（Double-task convolutional neural network，DTCNN）。两个任务共享一个 CNN 模型以学习更好的特征表达。DTCNN 不仅能够对各个样本类别进行分类，还能同时处理样本间的有序性信息。考虑到分类和回归的任务，其标签的获得是至关重要的。当给定的标签是离散的，其对应的类别标签和有序性标签是相同的，但是分别代表不同的意义。如图 2-3 所示，当给定的标签是连续的，为了获得类别标签，需要将连续值根据不同的粒度划分成不同的等级，且不同粒度的划分在其中也起着关键的作用。

为了进一步研究两个不同任务间的关系，特别是不同粒度的问题，研究了粗细粒度和神经元刺激对于两个任务的影响。一方面，细的粒度对回归任务的帮助比粗的粒度对回归任务的帮助更大一些。从信息论的角度来看，粗糙类别通常包含更少的信息熵。另一方面，研究了双任务在神经元刺激方面的影响。在训练过程中，双任务之所以能获得更好的性能，主要原因是同时被双任务强烈刺激的神经元所占的比重很大，双任务之间有着非常多的信息交互。

在 DTCNN 中，分类任务提供类别预测信息，回归任务提供有序性预测信息。前者的类别间是完全独立的，后者的类别间存在有序性关系。尽管这个想法非常直观，但是在深度学习的训练中，需要不断权衡两个任务，且两个任务间存在着平衡因子。在实际的操作过程中，平衡因子的选择通常需要大量的实验尝试和调参经验。

为了避免尝试性地选择组合因子，本章将有序性约束以贝叶斯条件风险的方式嵌入到分类任务中。该风险函数对于每个样本的标签值和预测值的差距进行了加权约束。因此称该分类模型为风险 CNN 模型（Risk-CNN）。

总的来说，本章的主要贡献如下：一是重新分析图像有序性估计问题，并从深度学习的角度研究了有序性关系。二是提出了 DTCNN，能同时训练分类和回归任务，并且两个任务间相互帮助。三是发现细的粒度对回归任务的帮助比粗的粒度对回归任务的帮助大，这就是说合适的粒度划分对于共同学习是很有必要的。此外，为了进一步分析双任务相互帮助的原因，分析了神经元激活的情况。四是提出了风险 CNN 模型 Risk-CNN，将有序性约束嵌入到分类任务中，并获得了非常有竞争力的结果。

本章的结构安排如下：第二部分介绍图像有序性估计的发展和现状。在第三部分，分析了有序性关系，并提出了 DTCNN 和 Risk-CNN。在第四部分，首先给出了两个数据集和一些实验设置，然后分析了同等条件下的对比性实验结果以及与当前主流方法的对比实验结果。在最后一部分，我们给出了总结。

2.2　图像有序性估计的相关的工作

图像有序性估计通常是指对一张图片根据某种评估标准给一个有序性的标签，该标签可以是离散的，也可以是连续的。最近几年，关于有序性估计问题的各种应用发展得很快，比如，年龄估计[13,14]、图像质量评估[18]、美学评估[67]、人脸面部动作强度估计[20]等。在很早以前，McCullagh 等人[21]和 Connell 等人[22]引入了该问题的，Gutierrez 和 Liu 等人[23,24]给出了非常详细的综述。Herbrich 等人[26]用度量距离来表示不同样本间的关系，然而因为特征表达能力不足导致效果不够理想。Chu 等人[27,28]通过预测连续的边界来划分有序性类别，考虑了类别间的有序性关系。在 2012 年以前，许多关于有序性的工作[15,16,19,29,30,103]主要用支持向量回归（SVR）结合手工特征比如 HOG[31]和 SIFT[32]来进行解决。Lee 等人[19]也是使用 SVR 和手工特征 HOG 来进行处理，对于有序性回归问题，该工作还构建了一个关于汽车年代估计的数据集，如图 2-2 所示。

自从深度学习流行以来，许多 CNN 模型[1,25,54]成为了研究者的主流工具。最近在图像识别中的快速进展[3,41,49,52,68]说明了这一领域的火热程度。许多在图像有序性估计上的应用[12,40,69]采用 CNN 来执行分类和单值回归任务。近来，Niu 等人[14]采用 CNN 做年龄估计并获得了很好的性能。他们将年龄区间切分成不同的小段，然后执行多元二分类任务。然而他们并没有考虑有序性的关系，只是利用了类别属性。学者对于图像回归已经研究很多年了，有一些相关的综述性的文章[29,30]被发表。事实上，目前图像有序性回归的定义大致上可以划分为四类：分类问题[12,14,15,69]，回归问题[19,20,29,30]，排序问题[70,71]和分布学习问题[13,72]。Gil 等人[12]采用通用性模型GilNet 来解决年龄段分类问题，并构建了一个专门的数据集 AdDb。Zhang等人[73]提出使用年龄分布信息来执行年龄段的分类问题，获得了当时最好的性能。在该工作中，它们使用 VGGNet 嵌入了 Chen 等人[37]的方法。事实上，Chen 等人[37]主要用累计属性（Cumulative attribute space）来处理年龄估计和人群密度估计。Lapuschkin 等人[74]采用年龄和性别信息来训练 CNN 模型。在本章中，我们使用了文献[12]和文献[19]的数据集来执行年龄段分类和精确的年龄段回归，以及车辆年代分类和精确的年代回归。

2.3　基于 CNN 的图像有序性估计

这一章主要提出了两个 CNN 模型以解决图像有序性估计问题。首先，对于有序性数据，分析了类别属性和有序性属性的关系，以及类别属性分类和有序性属性回归的关系。其次，提出了一个简单但高效的双任务学习模型 DTCNN，能同时执行分类和回归任务。最后，进一步提出了基于风险规则的分类模型 Risk-CNN，将有序性信息嵌入到该模型中。

2.3.1　有序性数据中两个任务间的关系

通过深度 CNN 来解决图像有序性估计问题时，需要充分考虑到类别属性和有序性属性，以及它们之间的关系，并将这些信息嵌入到深度 CNN 模型中。

图 2-3 有序性样本间的关系图。（1）上虚框：对于分类问题来说，婴儿和男童在特征空间上的差别与婴儿和成年男性在特征空间上的差别是相同的。下虚框：对于回归问题来说，婴儿和男童在特征空间上的差别远小于婴儿和成年男性在特征空间上的差别。（2）分类为回归提供了类别信息，反过来，分类也受益于回归的有序性信息。（3）这种双赢的局面给深度学习提供了重要的信息：基于贝叶斯风险规则的学习模型既能利用类别信息也能利用图像有序性信息。

给定一个分类或者回归的任务，需要从训练样本和标签中 $\{(I_n, v_n)\}_{n=1,2\cdots,N}$ 学习一个目标函数 $\mathcal{F}: \mathcal{I} \to \mathcal{V}$，其中 I_n 是一张图像，v_n 是图像标签，N 代表训练样本数。根据任务的不同，主要有两类图像有序性估计问题：分类和回归，分别对应离散标签和连续标签。对于 AdDb 数据集[12]和 CarDb 数据集[19]，AdDb 标有离散的有序性标签，标签集为 $\{0,1,\cdots,7\}$；CarDb 标有连续的有序性标签，标签区间为[1920,1999]。在分类任务中，标签值 $v_n \in \{1,2,\cdots,C\}$ 代表类别标签；在回归任务中，标签值 $v_n \in [a,b]$ 代表连续的分值标签。

在有序性估计中，有两类有序性标签：离散值和连续值。如果 v_n 是离散值，比如 $v_n \in \{1,2,\cdots,C\}$，可以执行单任务的分类或者回归。对于分类任务来说，分类器能够表示成 $f_{cla} : \mathcal{I} \to \mathcal{Y}$ 或者 $y_n = f_{cla}(I_n)$，其中 $\mathcal{Y} = \{1,2,\cdots,C\}$，$y_n$ 是类别标签。对于回归任务来说，回归器能够表示成 $f_{reg} : \mathcal{I} \to \mathcal{Z}$ 或者 $z_n = f_{reg}(I_n)$，其中 $\mathcal{Z} = \{1,2,\cdots,C\}$，$z_n$ 是有序性分值标签。如果 v_n 是连续值，即 $v_n \in [a,b]$，可以执行分类或者回归任务。对于分类来说，v_n 能通过某种量化方式转化为 y_n。对于回归来说，v_n 与 z_n 是一样的。

在深度学习流行之前，回归任务能够通过特征向量 $\boldsymbol{x}_n$ 预测分值标签 z_n，分类任务能够通过 $\boldsymbol{x}_n$ 预测样本属于各个类别的概率 $\mathcal{Y} = \{1,2,\cdots,c\}$。在这一时期，特征提取和分类器/回归器的学习是完全独立的两部分，这极大地限制了多个任务共同学习时的双赢局面。但是在深度学习中，特征 $\boldsymbol{x}_n$ 并没有被提前提取，而是通过反向传播嵌入到整个模型中。这就是为什么在深度学习时代多任务学习盛行的原因。

基于以上分析，对于有序性问题来说，粗类别分类、有序性回归任务和其他一些属性任务能够被聚合成一个多任务的学习问题。在联合训练过程中，这些不同类型的任务间能够相互传递信息。

讨论 1：分类和回归相互帮助

如图 2-3 所示，粗糙的类别分类对于回归是有帮助的。反过来，粗糙的分类也受益于回归任务的有序性关系。这两者是一种双赢的局面。在图 2-3（上），第一张图和第二张图在特征空间上的差别与第一张图和第三张图在特征空间上的差别是相同的。但是对于回归来说，如图 2-3（下），因为有序性关系的原因，这种情况不再成立。

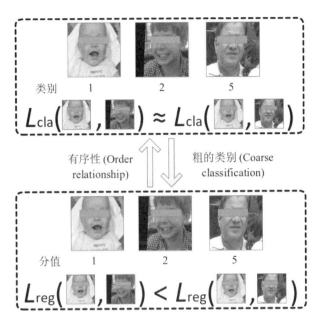

图 2-3　不同类别间的有序性估计图例 3

讨论 2：合适的量化等级是很有必要的

将一个区间 $[a,b]$ 划分成不同的离散等级 $\{1,2,\cdots,C\}$，对于回归任务会有不同的帮助。太过粗糙的量化，比如更少的量化等级，会给回归任务提供更少的类别信息。太过精细化的量化，比如更多的量化等级，容易因数据集不够大导致过拟合的问题，反而不利于回归任务。另一方面，回归可以看成是一种精细化的分类问题；当类别数增加时，也即是 $\mathcal{Y}$ 逼近连续值集，非常精细化的分类几乎与回归任务相似。类别数多的分类任务容易产生严重的过拟合问题。因此，在后面的实验部分给出了一个关于粗细化划分的讨论，认为合理的划分非常有必要。

2.3.2　双任务学习：分类和回归

通过上面的分析，分类任务和回归任务是相互补充的。在本节，我们提出了双任务的学习模型 DTCNN，能联合训练分类和回归任务，即同时学习分类器和回归器。该模型整合了两个相关的任务：类别属性和有序性的分值属性。双任务学习模型是从输入图片到两个不同标签的映射。形式上，给定一个数据集 $\{(I_n, y_n, z_n), n = 1, 2, \cdots, N\}$，可以将 DTCNN 描述成 $f : \mathcal{I} \to (\mathcal{Y}, \mathcal{Z})$。在该模型中，如何得到标签 y_n 和 z_n 也是十分重要的。对于离散值 v_n，类别标签 y_n 和有序值标签 z_n 与离散值 v_n 是相同的。对于连续值 v_n，有序值标签 z_n 与连续值 v_n 是相同的，但是类别标签 y_n 与 v_n 是可以进行相互转化的。

映射 $f : x_n \to (y_n, z_n)$ 整合了端到端的模型 $\mathcal{F}$，是一个分类和回归学习的过程，其中 x_n 代表特征向量。当然，x_n 被融合在 DTCNN 模型中。为了同时学习两个目标，我们对它们的损失函数进行了组合 $L = L_{cla}(x_n, y_n) + \beta L_{reg}(x_n, z_n)$，其中 L_{cla} 和 L_{reg} 是分类和回归的损失函数，β 代表两个损失间的平衡因子。对于 L_{cla} 和 L_{reg}，分别选择 Softmax 损失函数和 L2 损失函数，最后总的损失函数是

$$
\begin{aligned}
L &= L_{cla}(x_n, y_n) + \beta L_{reg}(x_n, z_n) \\
&= -\sum_{n=1}^{N} \log \frac{\exp(W_{cla}^{y_n} x_n)}{\sum_{k=1}^{C} \exp(W_{cla}^{k} x_n)} + \beta \sum_{n=1}^{N} \left\| W_{reg} x_n - z_n \right\|_2^2.
\end{aligned}
\tag{2-1}
$$

讨论 3：选择合适的参数 β 是非常关键的

在 DTCNN 的训练过程中，β 的选择至关重要，也是多任务学习中一个普遍存在的问题。通常的解决办法是不断地尝试不同的参数，直到获得一个最理想的值。事实上，这很大程度上取决于先验知识。在式（2-1）中，前者代表分类损失，后者代表回归损失。它们的值代表的意义不一样，显然不是一个数量级的。从纯数学的观点来看，两个不同损失函数的求和是没有意义的。总的来说，β 的选择极大地影响着 DTCNN 的训练和测试结果。

2.3.3　基于有序性约束的分类模型

在深度学习中，基于多任务的学习通常被看成是一种"技巧"。多种任务的学习在平衡因子的调节下，总会获得一个不错的结果。事实上，最近的许多工作很少有只用一个损失函数来训练模型的，绝大多数都是通过多个参数因子整合多个任务。然而，如何来设置这些参数是一个很重要的问题。从直观的角度来看，将多个损失函数加起来是否有意义呢，是否有可解释性呢？这个问题对应到式（2-1），就是如何设置一个合理的平衡因子。在没有先验知识的情况下，DTCNN 的平衡因子 β 是很难选择的。常规的做法是不断地调整参数 β，以获得理想的性能。可想而知，整个过程非常耗时，且非常依赖个人调参经验。

基于以上分析，本节希望将有序性约束以某种方式嵌入到分类模型中。事实上，式（2-1）中的回归损失能看成是一个正则项，在约束分类损失。基于该考虑，提出了一个统一的分类模型，该模型使用贝叶斯规则最小化风险损失，嵌入了有序性约束。事实上，DTCNN 和 Risk-CNN 在解决同样的问题，只是采用了不同的方式。因此，将该模型命名为风险 CNN（Risk-CNN）。Risk-CNN 与 DTCNN 有着同样的目的，但是采用了不同的策略，它不用去考虑不同的平衡因子。

从贝叶斯决策规则出发，基于条件风险的分类任务可以表示成

$$L\left(\boldsymbol{x}_n, y_n\right) = \sum_{k=1}^{C} r\left(y_n, \alpha_k\right) P\left(\alpha_k \mid \boldsymbol{x}_n\right), r\left(y_n, \alpha_k\right) = \begin{cases} 0, & y_n = \alpha_k \\ 1, & y_n \neq \alpha_k \end{cases} \quad (2\text{-}2)$$

其中，α_k 表示 $\boldsymbol{x}_n$ 的预测值，$r\left(y_n, \alpha_k\right)$（简写为 r_{ky_n}）表示将一个标签类别为 y_n 的样本误判为类别 k 时的风险。当有序性标签被引入时，风险项 r_{ky_n} 不再是单位 1，除非出现 $y_n \neq \alpha_k$（或者 $y_n \neq k$）的情况。相应地，我们希望根据有序性关系来设置风险惩罚值。如图 2-3（上）所示，对于分类任务，$r_{12} = r_{15}$，即将婴儿误判为男孩和将婴儿误判为成年人的代价风险相

同。在回归问题（有序性约束）中，应该满足 $r_{12} < r_{15}$。简而言之，风险函数应该与风险项 $r_{ky_n} \propto \|k - y_n\|$（预测值与标签值的距离）成正比。

基于以上讨论，将风险项定义为

$$r_{ky_n} = 1 + \lambda |k - y_n|, \tag{2-3}$$

其中，λ 的默认值为 1。条件风险由两部分构成：单位权重和风险权重。当参数 λ 为 0 时，提出的模型就等同于一个普通分类模型。

作为比较，普通分类的损失 L_{cla} 和基于风险的分类损失 $L_{risk-cnn}$ 可以表示如下，

$$
\begin{aligned}
L_{cla} &= -\sum_{n=1}^{N}\sum_{k=1}^{C}\mathbf{1}(y_n = k)\log\frac{\exp(W_{cla}^{k}x_n)}{\Sigma_{k=1}^{C}\exp(W_{cla}^{k}x_n)} \\
&= -\sum_{n=1}^{N}\log\frac{\exp(W_{cla}^{y_n}x_n)}{\Sigma_{k=1}^{C}\exp(W_{cla}^{k}x_n)}
\end{aligned} \tag{2-4}
$$

和

$$
\begin{aligned}
L_{risk-cnn} &= -\sum_{n=1}^{N}\sum_{k=1}^{C}r_{ky_n}\mathbf{1}(y_n = k)\log\frac{\exp(W_{cla}^{k}x_n)}{\Sigma_{k=1}^{C}\exp(W_{cla}^{k}x_n)} \\
&= -\sum_{n=1}^{N}r_{ky_n}\log\frac{\exp(W_{cla}^{y_n}x_n)}{\Sigma_{k=1}^{C}\exp(W_{cla}^{k}x_n)},
\end{aligned} \tag{2-5}
$$

其中 $\mathbf{1}(y_n = k)$ 是一个基于 y_n 和 k 的示性函数。此处 L_{cla} 的表示等同于式（2-1）中的 L_{cla} 的表示，只是不同的表示形式。为了显示 CNN-cla、CNN-reg、DTCNN 和 Risk-CNN 间的相互关系，我们描述了它们的直观区别，如图 2-4 所示。

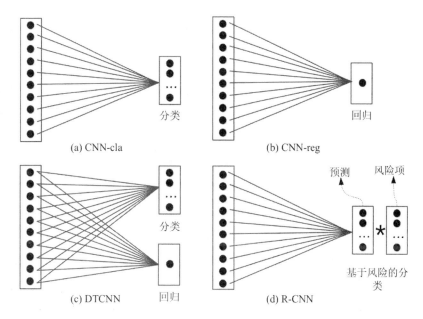

图 2-4　四种不同类型的结构

（a）~（d）分别描述了 CNN-cla、CNN-reg、DTCNN 和 Risk-CNN 的简单区别。

应用到分类任务中的条件性风险不同于一般的加权分类模型。一般的加权分类模型通常处理不平衡样本[75]或者不平衡类别[76]，它们的权重向量通常是静态的。而基于条件性风险的方法在每一次迭代中对于每一个样本都有一个动态的权重 r_{ky_n}，并且这个权重有较好的解释性。

2.4　实验结果及分析

为了验证 DTCNN 和 Risk-CNN 的有效性，本部分在两个视觉任务上执行了图像估计：在 Adience 数据集（AdDb[12]）上的年龄估计和在 Car 数据集（CarDb[19]）上的年代估计，分别对应两种不同的标签信息：离散值标签和连续值标签。

2.4.1　数据集和评价指标

AdDb 数据集包含 26000 张人脸图片，分别标有年龄段的标签，标签集为 $\{0,1,\cdots,7\}$。它提供了不同的等级 y_n 而不是准确的分值 z_n，即每个人的年龄都处于 8 个年龄段 $\{0,1,\cdots,7\}$ 中的一个。按照文献[12]的设置，该数据集采用了 5-fold 的交叉验证方式。

CarDb 数据集包含 13473 张标有汽车年代的图片，包含汽车生产年代的精确值（连续值），年代范围是[1920,1999]。为了公平比较，本部分采用了与工作 CarDb[19]一样的样本划分方式：10343 张图片用于训练，3340 张图片用于测试。

为了验证提出的方法，采用平均绝对误差（Mean absolute error，MAE）和皮尔逊相关性（Pearson correlation，CORR）作为回归的评估标准；识别率（Accuracy，ACC）和 Top-2 识别率（Top-2-ACC）作为分类的评估标准。Top-2 识别率代表类别评判正确或者类别评判只差一个区间段时的识别率。MAE 值越小，代表模型效果越好；CORR、ACC 和 Top-2-ACC 越大，代表模型效果越好。在实验 2.4.2 部分，采用 Caffe 框架开展实验；在实验 2.4.3 部分，采用 Tensorflow 框架开展实验。实验表明，对比性的实验设置都是一样的。

2.4.2　DTCNN 的实验结果和分析

在这一部分，我们从很多不同的方面分析了 DTCNN 的实验结果。首先，使用 DTCNN、CNN-cla 和 CNN-reg 三种方法在数据集 CarDb 和 AdDb 上进行实验，验证了 DTCNN 的优势。其次，针对不同的量化等级，给出了对比实验来说明合适的量化等级的必要性。最后，为了进一步分析 DTCNN 能取得较好效果的原因，分析了网络中分离层的神经元激活情况。另外，之所以选择数据集 CarDb 和 AdDb，是因为这两个数据集分别对应连续标签和离散标签。

1. 汽车年代估计

基于文献[19]，我们使用 DTCNN 和普通 CNN 在 CarDb 上进行了比较。在实验过程中，使用了在 ImageNet（ILSVRC 2012）上预训练的模型 AlexNet，将参数进行迁移，训练 CNN 和 DTCNN。为了公平比较，两个模型都是在同等条件下进行训练和测试。根据分类损失和回归损失在数值上的比率，将参数设置为 $\beta = \frac{1}{10}$（式 2-1 中的 β），这是为了分配给分类和回归任务同样的重要性。为了便于操作，本部分将 CarDb 的标签进行了统一处理，将 1920 年到 1999 年的范围改到区间 $[a,b] = [0,79]$（也即是对所有的初始化标签都减去 1920）。对于回归来说，CarDb 的标签设置为 $z_n \in [0,79]$，对于年代段的分类来说，将区间 $[0,79]$ 切分成 8 个类别 $y_n = \{0,1,\cdots,7\}$。

在这一节中，AlexNet 在训练过程中使用随机梯度下降（SGD）的优化器。初始的学习率、丢弃率、动量值、权重下降值、最大的迭代次数分别设置为 0.0001，0.5，0.9，0.0005 和 50000。在训练过程中，每经过 5000 次迭代，学习率就下降 0.5 倍。

表 2-1①给出了单分类任务模型（CNN-cla），单回归任务模型（CNN-reg）和双任务模型（DTCNN）的结果比较。对于回归来说，CNN-reg 的 MAE 和 CORR 为 6.65 和 0.91，该结果次于 DTCNN 的结果。对于分类来说，CNN-cla 的 ACC 和 Top-2-ACC 结果为 52.02% 和 88.18%，该结果也是次于 DTCNN 的结果。从比较中可以看出，对于所有的评价标准 MAE、CORR、ACC 和 Top-2-ACC，相比于单任务学习（CNN-cla 和 CNN-reg），双任务学习 DTCNN 表现出更好的性能。

---

① (-) 在本章中均表示该值不可获得或者是对于比较来说无用的。"↑"和"↓"分别代表在效果上的越大越好和越小越好。在表格中的最好结果采用黑体形式。

表 2-1　汽车年代估计的结果比较

	ACC/% ↑	Top-2-ACC/% ↑	MAE ↓	CORR ↑
SP[46]	-	-	11.81	-
Singh[39]	-	-	9.72	-
Yong[19]	-	-	8.56	-
CNN-cla	52.02	88.18	-	-
CNN-reg	-	-	6.6531	0.9142
DTCNN	**57.49**	**92.10**	**6.4325**	**0.9214**

注：与 CNN-cla 和 CNN-reg 相比，DTCNN 在 CarDb 数据集上的 4 个评测指标都获得了更好的性能。

2. 年龄估计

在这一节中，与年代估计类似，比较了两个单任务：CNN-cla 和 CNN-reg，以及 DTCNN 在 AdDb 数据集[12]的性能。为了公平比较，采用了与文献[12]同样的实验设置，并采用 GilNet 训练网络。在 DTCNN 中，我们将参数 β 设置为 $\frac{1}{2}$。CNN 和 DTCNN 的训练并没有采用预训练的参数，而是直接在 AdDb 上进行训练。对于 DTCNN 来说，每一个图像包含两个标签：类别标签和有序性分值标签，分类任务和回归任务的标签集都是 $\{0,1,...,7\}$，只是代表不同的意义（如图 2-3 所示）。

从表 2-2 可以看出，在所有五个不同的交叉验证数据集上，也即 Cross0、Cross1、Cross2、Cross3、Cross4，对于四个不同的评测指标，双任务学习模型 DTCNN 都比单任务学习模型（CNN-cla 和 CNN-reg）好很多。这就是说，有序性的信息和类别信息在训练的过程中是相互帮助的。前者为后者提供有序性约束，反过来，后者为前者提供类别信息。

表 2-2　年龄估计的结果比较

		ACC/% ↑	Top-2-ACC/% ↑	MAE ↓	CORR ↑
	CNN-cla	54.56	86.49	-	-
Cross0	CNN-reg	-	-	0.6672	0.8957
	DTCNN	**57.14**	**90.55**	**0.6212**	**0.9085**
	CNN-cla	43.21	82.43	-	-
Cross1	CNN-reg	-	-	0.8050	0.7974
	DTCNN	**45.31**	**86.78**	**0.7379**	**0.8258**
	CNN-cla	54.36	86.76	-	-
Cross2	CNN-reg	-	-	0.7109	0.8799
	DTCNN	**57.02**	**89.55**	**0.6391**	**0.8995**
	CNN-cla	44.13	82.89	-	-
Cross3	CNN-reg	-	-	0.7644	0.8068
	DTCNN	**47.33**	**87.56**	**0.7292**	**0.8181**
	CNN-cla	47.96	82.16	-	-
Cross4	CNN-reg	-	-	0.7697	0.8602
	DTCNN	**51.37**	**84.54**	**0.7374**	**0.8658**

注：与 CNN-cla 和 CNN-reg 相比，DTCNN 在 AdDb 数据集上的 4 个评测指标都获得了更好的性能。

3. 不同的量化等级

在这一节，研究了不同的量化等级（不同的区间尺度）是如何影响回归任务的。我们将分值区间采用不同的粒度划分成不同的有序性等级，研究不同的粒度与回归任务间的关系。对于数据集 CarDb，将汽车标签区间 [0,79] 分别划分成 2、4、8 个等级，即分别除以 40、20、10。对于数据集

AdDb，将年龄标签集 $\{0,1,\cdots,7\}$ 也分别划分成 2、4、8 个等级，即分别除以 4、2、1。如表 2-3 所示，对于两个数据集 CarDb 和 AdDb（Cross0、Cross1、Cross2、Cross3、Cross4），当等级为 8 时，其回归结果 MAE 和 CORR 是最好的。这就是说，对于任一有序性数据集，合理的等级划分是很有必要的。

当使用 DTCNN 时，不同的粒度对于回归任务有不同的影响。从表 2-3，图 2-5 和图 2-6 可以看出，不管是年龄估计还是汽车年代估计，DTCNN-8 对于回归的影响大于 DTCNN-4 对于回归的影响，DTCNN-4 对于回归的影响大于 DTCNN-2 对于回归的影响。可以看出，精细化的类别信息更有助于回归任务。从信息熵的角度来看，精细化的类别包含更多的信息。但是是否越精细越好呢？显然不是。以 CarDb 举例来说，最精细化的划分方式是 79 类的分类问题了，这几乎等价于[0,79]的回归问题。

表 2-3　在 CarDb 和 AdDb 上的 3 种不同等级的结果比较

评测标准	划分等级	CarDb	Cross0	Cross1	Cross2	Cross3	Cross4
MAE↓	DTCNN-2	6.455	0.6639	0.7985	0.7016	0.7451	0.776
	DTCNN-4	6.4456	0.6486	0.7679	0.6554	0.7435	0.749
	DTCNN-8	**6.4325**	**0.6212**	**0.7379**	**0.6391**	**0.7292**	**0.7374**
CORR↑	DTCNN-2	0.9186	0.8968	0.7988	0.8848	0.8119	0.8622
	DTCNN-4	0.9207	0.9042	0.8135	0.897	0.8096	**0.8662**
	DTCNN-8	**0.9214**	**0.9085**	**0.8258**	**0.8995**	**0.8181**	0.8658

注：DTCNN-8 基本上获得了最好的性能。

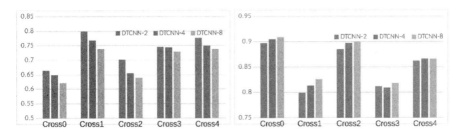

（a）MAE 在 AdDb 数据集上的结果 （b）CORR 在 AdDb 数据集上的结果

图 2-5 在 AdDb 上的 3 种不同等级的结果比较（MAE 和 CORR）

对于所有的 5 个交叉验证，DTCNN-8 中回归性能要优于 DTCNN-4 的回归性能，DTCNN-4 回归性能要优于 DTCNN-2 的回归性能。

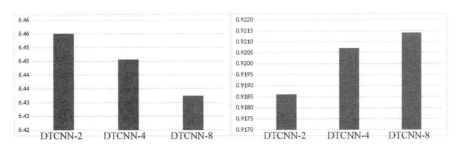

（a）MAE 在 CarDb 数据集上的结 （b）CORR 在 CarDb 数据集上的结果

图 2-6 在 CarDb 上的 3 种不同等级的结果比较（MAE 和 CORR）

对于所有的 5 个交叉验证，DTCNN-8 中回归性能要优于 DTCNN-4 的回归性能，DTCNN-4 中回归性能要优于 DTCNN-2 的回归性能。

4. DTCNN 模型中神经元激活情况

为了进一步探索为什么双任务 DTCNN 比单任务 CNN 的性能更好，分析了 DTCNN 中分离层的神经元的激活情况，如图 2-7 所示。此处，我们将分离层的神经元分为 4 类，并用 4 种不同的颜色表示：白色、红色、黄色、绿色。白色神经元代表对于两个任务的激活都不强的神经元，它们间的连线采用虚线的形式。黄色和绿色的神经元分别代表对分类任务和回归任务有较强刺激的神经元，但是只对其中一个任务有较强的刺激。红色神经元对于两个任务都有很强的刺激，采用红色的实线相连，见图 2-7。

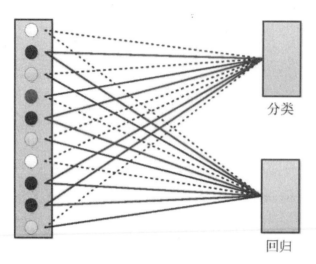

图 2-7　不同神经元的激活情况

大量的神经元对于两个任务都有较强的激活。

根据不同的阈值计算了红色神经元在分离层所占的比例，具体如表 2-4 所示。在表 2-4 的上部，给出了 CarDb 数据集训练的模型的强刺激的神经元占该层神经元总数的比例（阈值设置为 1500、2000、2500、3000）。在这所有的 4096 个神经元中（因为使用 AlexNet），根据 4 个不同的阈值，总共有 36.20%、48.85%、60.68%和 73.37%受强刺激的神经元。例如，表 2-4[①]第一行的值 36.20%代表分离层中前 1500 个受两个任务同时强刺激的神经元所占的比例。这就是说，两个任务在训练过程中存在着知识的交互。对于离散值来说，尽管分类标签和回归标签在有些情况下会相同，比如当分类任务和回归任务的标签集都是{0,1,2,3,4,5,6,7}，但它们代表的意义和信息不同。

---

① 该结果稍微有一点不同于工作[77]中的结果，是因为该处使用了不同的统计方式。对于分类任务来说，取分离层中每个神经元的最大的刺激值。

表 2-4　重要神经元对于两个任务都激活的比例

	top1500/%	top2000/%	top2500/%	top3000/%
Cardb (4096)	36.20	48.85	60.68	73.37
	top200/%	top250/%	top300/%	top350/%
Cross0 (512)	37.00	50.00	60.67	67.14
Cross1 (512)	37.50	50.0	57.00	67.14
Cross2 (512)	39.50	48.00	57.00	68.29
Cross3 (512)	40.50	52.00	61.33	70.57
Cross4 (512)	39.00	49.2	60.00	68.00

2.4.3　Risk-CNN 的结果

在这一节，我们主要分析了 Risk-CNN 的实验结果。首先，给出了式（2-1）中参数 β 不同选择的实验比较，以验证 DTCNN 存在的不足。其次，针对三个不同的模型：CNN-cla、DTCNN 和 Risk-CNN，进行了比较实验。最后，将 Risk-CNN 与当前主流的方法进行了比较。

1. 参数 β 的选择

在 DTCNN 的训练过程中，往往需要选择一个合适的超参数 β，见式（2-1），它对于测试结果有着重要的影响。考虑到这个问题，在数据集 CarDb 上，本部分选择了 3 个不同值 $\beta = 0, \frac{1}{2}, 1$，以比较它们的结果。最后它们的识别率分别是 52.82%，57.66%，52.28%，其训练曲线如图 2-8 所示。我们有一个疑问，为什么 $\beta = \frac{1}{2}$ 能够获得最好的效果呢？从图 2-8 可以看出，当 $\beta = \frac{1}{2}$ 时训练损失曲线[①]在两个任务上都低于 $\beta = 1$ 的损失曲线。总的来说，比较难解释 $\beta = \frac{1}{2}$ 能获得更好的结果。我们猜测可能对于回归来说，分类需

---

① 在 Tensorflow 中，为了节省内存，tensorboard 只自动保持抽样的 1000 次的结果，事实上我们的模型迭代了 24k 次。

要更大的权重值，但是也不能太大，这个阈值应该就在 $\beta=\dfrac{1}{2}$ 的附近。从另一个角度来说，可能与数据集也有关系，数据集的分布很大程度上会影响模型的训练结果。

当使用单独分类任务时（即 $\beta=0$），结果并不理想，见表 2-5。$\beta=0$ 时的训练曲线低于 $\beta=\dfrac{1}{2}$ 的训练曲线，但是它的测试结果却不如 $\beta=\dfrac{1}{2}$。这就是说，回归在 DTCNN 中起了一定的作用，但是对于分类任务来说，不应该赋予其过大或过小的权重。我们认为这是一种经验性的设定，但是它却极大地影响着模型的效果。

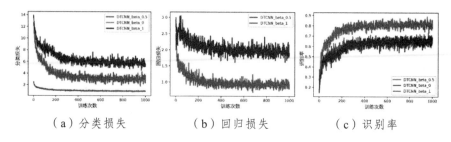

（a）分类损失　　　　　（b）回归损失　　　　　（c）识别率

图 2-8　不同的 β 对 DTCNN 的性能影响

(a)：β=0,0.5,1 时的分类损失；(b)：β=0.5,1 时的回归损失；(c)：β=0,0.5,1 时的识别率。事实上，在式（2-1）很难选择一个合适的参数 β。除了大量的测试或先验知识，难以解释为什么 β=0.5 就是最好的选择。

表 2-5　CNN、DTCNN、Risk-CNN 在 CarDb 和 AdDb 上的结果比较

	CNN-cla/%	DTCNN/%	Risk-CNN/%
CarDb	52.82	57.66	63.67
Cross0	55.93	58.52	58.13
Cross1	37.21	46.61	45.48
Cross2	50.24	55.50	57.63
Cross3	43.08	48.90	49.11
Cross4	46.90	51.62	51.76
Mean	46.67	52.23	52.42

2. 对比性实验

本节给出了三个不同模型：Risk-CNN、CNN-cla 和 DTCNN 的比较实验。为了更方便地执行加权模型，本节所有的实验均采用 Tensorflow 框架。为了公平比较，这三个模型都是基于同等条件和同样的基础模型。数据集 AdDb 的类别标签和有序性标签都是 $\{0,1,\cdots,7\}$，只是代表不同的意义。式（2-3）中的风险项 r_{ky_n} 设置为 $1+|k-y_n|$，也即式（2-3）中 $\lambda=1$。数据集 CarDb 的类别标签和有序性标签分别为 $\{0,1,\cdots,7\}$ 和 $[0,79]$。同样地，在 CarDb 中，将区间 $[0,79]$ 切分成 8 个等级 $\{0,1,\cdots,7\}$ 以得到同样的代价矩阵。为了公平比较 DTCNN，这一节的回归标签集是 $\{0,1,\cdots,7\}$，而不是区间 $[0,79]$。我们将 DTCNN 中的参数 β 设置为 $\frac{1}{2}$。事实上，在不同的框架 Caffe 和 Tensorflow 上，模型 CNN-cla 和 DTCNN 能得到几乎相同的结果，具体见表 2-5、表 2-2 和表 2-1。

如表 2-5 和图 2-9 所示，对于两个数据集，DTCNN 和 Risk-CNN 的性能都好于单任务的性能。更重要的是 Risk-CNN 的性能要好于 DTCNN 的性能。基于风险规则的 Risk-CNN 有更强的学习有序性数据的能力，所以我们认为性能提升主要来自于风险语义项的可控性和可解释性。

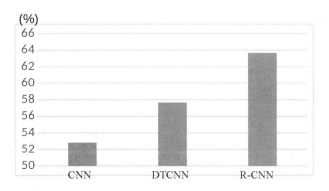

（a）三种方法在 CarDb 数据集上的结果

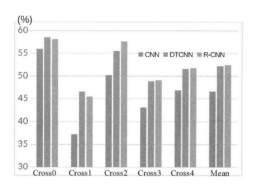

（b）三种方法在 AdDb 数据集上的结果

图 2-9　CNN、DTCNN、Risk-CNN 在 CarDb 和 AdDb 上的结果比较

表 2-6　在 AdDb 上与主流方法的结果比较

方法	识别率/%
LBP+FPLBP[78]	45.10
CNN (GilNet)[12]	50.70
Cumulative Attribute[37]+CNN (VGGNet)	52.34
L-w/o-hyper (VGGNet)[73] (MS-Celeb-1M)	49.46
L-w/o-KL (VGGNet)[73] (MS-Celeb-1M)	54.52
Fullmodel (VGGNet)[73] (MS-Celeb-1M)	**56.01**
age-gender (GilNet)[74]	51.40
age-gender (VGGNet)[74]	53.60
Risk-CNN (GilNet)	**52.42**
Risk-CNN (VGGNet)	53.23

3. 与主流方法的比较

除了进行对比性实验，我们也将 Risk-CNN 与其他的主流方法进行了
比较。因为 Risk-CNN 主要应用于分类，而最近在数据集 CarDb 上没有关

于分类的工作（主要都是关于回归的），所以本部分只在 AdDb 上进行了比较。为了在不同的基础模型下比较，特别运行了 GilNet 和 VGGNet。在实验中，对 VGGNet 来说，采用了与工作[73]相同的实验设置。

Risk-CNN 即使是在没有使用大量技巧（Trick）的情况下（见表 2-6），比如图像旋转和渲染，仍然获得了非常有竞争力的结果。Risk-CNN 方法在 GilNet 模型上获得了最好的结果，在 VGGNet 模型上也获得了非常有竞争力的结果。事实上，这些性能最好的模型通常都借助了一些辅助办法，比如不同的数据增强或者使用人脸数据集进行预训练以获得更好的特征表达能力。例如，Zhang 等人[73]就使用了专门的人脸数据集 MS-Celeb-1M 来预训练 VGGNet 模型，该数据集有上百万张人脸图片；Lapuschkin 等人[74]使用额外的性别信息进行训练。总的来说，与这些主流、性能最好的方法进行比较时，提出的模型仍然具有很强的竞争力。

2.5　本章小结

本章从深度学习的角度分析了有序性数据，特别是基于类别标签和有序性分值标签的关系，提出了两个基于风险规则的方法：DTCNN 和 Risk-CNN。在 DTCNN 中，分类任务和回归任务被融合起来联合训练。在两个任务相互促进的过程中，实验表明相比粗的类别等级，细的类别等级更有助于回归任务。另外，通过分析 DTCNN 中分离层的神经元的激活情况，说明了 DTCNN 在训练过程中两个任务间存在着信息交互。为了进一步降低调试平衡因子的困难，我们将有序性约束条件嵌入到分类任务中，提出了基于条件风险规则的 Risk-CNN 模型。本章提出的两个方法有较强的推广性，能够应用到相关的实际任务中。在实验中，我们进行了大量的对比实验和与当前最好性能的方法的比较实验，结果显示了提出的方法的有效性。

第3章

图像有序性分类与理解：网格丢弃

本章同时考虑数据输入和算法优化两个方面，以减轻深度模型训练过程中的过拟合问题。图像有序性分类通常是给一张图片以有序性的离散标签。在实际的应用中，有序性的标签比较难获得，所以一般的有序性数据集都不够大，很容易导致深度学习算法出现过拟合的问题。为了解决这个问题，许多的数据增强方法和神经元丢弃方法被提出，但是该问题仍然十分严重。本章提出了一种网格丢弃的方法，随机地丢弃图片中的一些网格。然后，提出了将丢弃的网格也作为一种有监督的信息进行学习。最后，通过可视化类别激活图（Class Activation Map，CAM）来验证这些方法的有效性，发现网格丢弃的方法在模型学习过程中更多地关注整个人脸区域，网格丢弃的方法比神经元丢弃的方法要更加鲁棒。在实验中，采用了年龄估计的数据集 Adience 来验证提出的方法，并得到了非常有竞争力的结果。

3.1　网格丢弃和掩摸标签的必要性

图像有序性分类是一种特定的图像分类问题，其标签是有序性的离散值。图像有序性分类不同于一般的分类问题。比如，在普通分类问题中，要对猫和狗进行区分，只需要识别两个不同的对象或者类别。但是在有序性分类中，比如年龄估计，识别对象都是人脸，需要区分的是不同人的年龄，也就是说对象是一样的，但是要区分同种对象中的某种属性类别。事实上，有序性分类问题有点类似于图像精细化识别。这种类型的问题经常被定义成一种特殊的分类问题[12]，将分类标签设置为有序性的标量值。该标签带有类别信息，也带有有序性信息。随着深度卷积神经网络的广泛应用，大量的有序性分类问题[12,37,79]采用这一工具。

　　尽管这些方法都获得了非常好的性能，但是却存在两个严重的问题。一方面，有序性图像数据集往往不大，训练样本非常有限，而深度学习模型对数据量的需求比较大，所以有限的训练样本很大程度上制约了深度学习模型进一步的性能提升。对一个实际应用来说，采集大量有标签的有序性样本会付出很大的代价。然而，有限的训练样本增大了模型过拟合的风险。另一方面，目前的许多工作使用 CNN 在有序性问题上获得了很好的性能，但是模型到底学到了什么，许多工作并没有进行分析。事实上，在深度学习的学习过程中，并没有统一的 CNN 模型，只有针对不同数据集的特定 CNN 模型。特别是近几年随着深度学习的进一步发展，CNN 模型不再是一个黑盒子[56,80,81]，我们能够通过可视化神经元的激活情况分析 CNN 的内部机理。但是在有序性分类中，CNN 的内部机理还没有得到很好的研究，特别是有序性问题到底是如何预测的。

　　图 3-1 为网格丢弃的分析。其上图：使用网格丢弃的图像有序性分类。人能够对上图中的三张人脸进行识别，并且知道这张人脸应该是一个小女孩。即使后两张图有遮挡，人仍然具备识别年龄的能力。此外，人还能猜到后两张图到底是哪块区域被遮挡。其下图：基于网格丢弃的梯度类别激活图显然好于基于神经元丢弃的梯度类别激活图。这就是说，网格丢弃能够更好地学习特征表达。

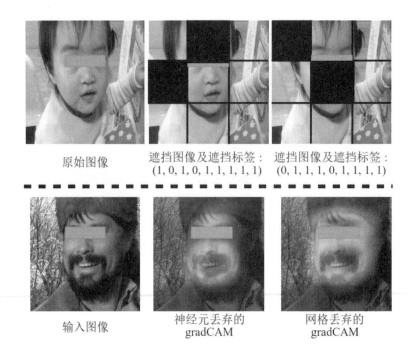

原始图像	遮挡图像及遮挡标签： (1, 0, 1, 0, 1, 1, 1, 1, 1)	遮挡图像及遮挡标签： (0, 1, 1, 1, 0, 1, 1, 1, 1)
输入图像	神经元丢弃的 gradCAM	网格丢弃的 gradCAM

图 3-1　网络丢弃分析

　　为了解决 CNN 的过拟合问题，文献[54]提出了神经元丢弃（Dropout）的方法，在训练过程中随机地丢掉一些神经元，大大减轻了过拟合的程度。神经元丢弃是一种数据增强的方法，从某种角度来说，它可以被看成是一种集成学习方法，包含许多的子网络。在没有神经元丢弃的情况下，随着网络迭代次数的不断增加，CNN 极容易出现过拟合的现象。不同于神经元丢弃的方法，目前有些方法[82]使用数据增强扩大样本集，以减轻网络过拟合程度。例如，随机地旋转、平移和切割图片都是非常常见和有效的数据增强方法[82,83]。但是它们通常将图片切分成很多小块，容易打破图像的空间结构，丢失全局信息。总的来说，合适的数据增强方法对于模型的泛化能力至关重要，在很多情况下甚至比模型改进更重要。

　　为了分析图像分类中的目标位置信息，近来有工作使用类别激活图（CAM）[80]和基于梯度的类别激活图（gradCAM）[81]来理解和可视化分类中的神经元激活情况。在一般的分类问题中，CAM 和 gradCAM 能够突出每一类最具判别性的区域。得益于 gradCAM 的可视化，我们进一步意识到神经元丢弃容易对人脸的一些部位过拟合，比如，额头、嘴巴和鼻子。然而，我们有一个共识：一个人的年龄是很难通过一小块局部区域来进行判断，通常需要多块的人脸图像块。

基于以上分析，本章提出了一个基于网格丢弃的方法，能提高有序性分类的识别率，且获得更精细化的类别激活图。提出的方法随机地丢弃一些图像块，能不断地扩大和丰富样本集，减轻过拟合的程度。事实上，这样的丢弃办法并没有打破图片的空间结构和周围场景信息。更重要的是，随机地丢掉图像的一些块能够降低神经元对于特定区域过度激活的风险，不至于让模型过分激活最关键的图像区域。最后，本章整合了一个额外的损失函数，也就是预测掩摸的标签，将掩摸的标签嵌入到模型的训练过程中。我们认为，如果模型能通过缺失的图像块学习到更有判别性的特征，它也能学习到丢失的图像块的位置信息。事实上，这也是让模型加深对图像空间信息的理解。这种学习能力能反过来有利于图像的有序性分类。

本章的主要贡献如下：

（1）本章提出了一种网格丢弃的方法，随机地丢掉一些网格以减轻过拟合的程度，且能获得更好的识别性能。

（2）在训练过程中，采用丢弃图像块的位置信息来进一步加强模型对于图像结构的理解。丢弃图像块的位置能够给有序性分类带来额外的性能提升。

（3）通过使用 gradCAM 来可视化图像的可判别区域，发现网格丢弃的方法能获得更好的可视化效果，学习到更完整的面部特征信息。

（4）最后分析了神经元丢弃和网格丢弃的关系，发现网格丢弃结合神经元丢弃能获得更好的性能，单独使用网格丢弃的结果要优于单独使用神经元丢弃的结果。

3.2　图像有序性分类和可视化的相关工作

3.2.1　有序性分类

有序性分类的标签通常是离散的值，既包含有序性信息，又包含类别间信息。许多的应用比如年龄估计[37,77,79]和人脸颜值估计[83]都属于这一类有序性问题。2012 年以前的图像有序性估计通常使用手工的特征和单独的分类器/回归器来进行学习。随着深度学习的快速兴起，许多最近的工作采用 CNNs[1,12]，并获得了很好的性能。然而，深度学习模型通常需要大量的训练样本，而采集大量样本需要耗费大量的人力物力。关于有序性估计问题，目前有三个主要的研究方向。首先，有一些工作[82]采用图像块来进行识别以减少过拟合。尽管这样大大地丰富了样本集，但是由于只使用部分图像块，这就打破了图像的空间结构。其次，有些工作使用多尺度的深度模型[82]和不同的基础网络比如残差模块[4]。最后，有些工作采用不同的损失函数，比如三方损失（Triplet loss），加权损失（Weighted loss）和多目标的损失（Multi-task loss）等。总的来说，之前的所有关于有序性分类的工作都集中在基础模型、损失函数和数据增强三方面。

3.2.2　图像分类的可视化

深度 CNNs 通常在许多数据集和应用上有着非常惊人的分类效果，比如 AlexNet[1]在 ImageNet[2]上的效果。然而，在深度学习兴起的初期，它被看成是一个黑盒子，难以窥探到内部的机理。为了更好地理解深度 CNNs，最近的许多工作[56,80,81,84]相继被提出，以解释一般的图像分类问题。为了对 CNN 有一个大概的了解，文献[56]首先引入了一项新的可视化技术，可视化网络特征层和滤波器。文献[80]使用类别激活图（CAM）来定位图像中的特定目标，能够对每类目标有一个直观的可视化效果。接着，文献[81]在类别激活图的基础上进一步提出了更通用性的方法：基于梯度的类别激活图（gradCAM），将类别判别信息与基于反向传播的梯度信息相结合。事实上，目前还没有相关工作来解释有序性分类的机理。

3.3　基于网格丢弃和网格位置学习的模型

这一节的主要内容包括基于网格丢弃的学习方法、基于网格丢弃及网格位置的学习方法、有序性分类的可视化和模型泛化能力分析。

3.3.1　网格丢弃

在本节，主要采用随机生成的掩摸来遮挡一些图像网格，作为一种数据增强的方法以减轻训练过程中的过拟合问题。该方法不同于一般数据增强的随机切割，而是按照一定的规律进行，且这种规律非常有必要的。首先，将图像切割成 $s \times s$ 个同样大小的网格。然后，以固定的比例对图像中的网格进行随机地丢弃。经过若干次丢弃后，对于任一图像，就会出现许多种网格丢弃的组合方式。作为一种数据增强方法，它很好地扩充了数据集。不断地将这些残缺的图像输入到深度模型中能极大地减轻过拟合问题。更重要的是，不同于随机切割图像，它能很好地保留训练图像的空间信息，并在训练过程中加大识别的难度。

除了减轻过拟合问题以提高模型的泛化能力，网格丢弃可以迫使深度模型学习更为鲁棒的特征表达。这种表达包含更丰富全面的特征信息，而不是只关注图像的局部区域或关键性区域。比如，在行人识别中，类别激活图通常关注人脸区域，而不是人体的其他部位信息。事实上，除了人脸以外，人体的许多其它部位也非常有判别性，只是人脸的判别性太强，掩盖了其他部位的激活。这就是说，次级部位往往容易被神经网络所忽略，而网格丢弃能够很好地保留次级部位的判别性。

3.3.2　基于网格位置的网格丢弃

在深度学习早期，CNN 分类网络通常被看成一个黑盒子，也即是输入图片输出类别概率。由于对其没有清楚的理解，一般的数据增强通常就破坏了图像的空间信息。在本节，基于网格位置信息的学习模型被提出，以进一步提升模型对图片的理解。在训练过程中，每一个图像都被输入到模型中许多次，但是，每次都是以不同的丢弃方式被输入。每次在输入的过程中，丢弃网格的位置信息是已知的，这可以作为一种监督信息来对模型进行学习。本节使用该监督信息来学习图像的空间结构（如图 3-1 所示）。事实上，这种对图片空间信息的学习有利于图像分类。

网格标签记录着保留和丢弃的网格的位置。例如，在图 3-1 中间，对比图第二和第四个网格被丢弃（网格计数采用逐行的方式），其网格丢弃标签为（1,0,1,0,1,1,1,1,1）。给定一个训练集 $\{(I_n, y_n, h_n), n = 1, 2, \cdots, N\}$，在同时使用类别标签和网格位置标签的情况下，深度模型能够被写成 $\mathcal{F} : \mathcal{I} \to (\mathcal{Y}, \mathcal{H})$，其中 y_n 和 h_n 分别代表图像的类别标签和网格位置标签。总的训练损失函数可以写成，

$$L = L_{cla}(X_n, y_n) + \beta L_{mask}(X_n, h_n)，\qquad (3\text{-}1)$$

其中，X_n，L_{cla} 和 L_{mask} 分别代表图像特征、有序性分类和网格位置分类的损失函数。对于 L_{cla} 和 L_{mask}，分别选择 softmax 损失函数和交叉熵损失函数（Cross entropy sigmoid loss）。β 是平衡两个损失函数的超参数，在本章中默认设置为 0.5。

此外，前文结论，有序性分类能同时考虑类别信息和有序性信息。因此其训练目标可以表示成三个加权的损失函数的组合，

$$L = L_{cla}(X_n, y_n) + \alpha L_{reg}(X_n, h_n) + \beta L_{mask}(X_n, h_n)，\qquad (3\text{-}2)$$

其中，L_{cla}、L_{reg} 和 L_{mask} 分别代表 softmax 损失、L2 损失和交叉熵损失函数。在后面的实验中，α 和 β 都被设置成 0.5。

3.3.3　有序性分类中神经元丢弃和网格丢弃的可视化

神经元丢弃[54]在 2012 年由 Geoffrey Hinton 团队提出，在训练的过程中，随机地丢弃掉一些隐层神经元的值。这种丢弃方法可以看成是一种集成学习策略。每一次迭代训练都能看成是一个新的弱分类器，显然整个训练过程就近乎等价于一个集成学习的模型。在数据集固定的情况下，根据常识，集成学习的模型能极大地提高识别性能。然而，集成学习中的分类器在训练过程中增大了参数负担。比如，一个被执行神经元丢弃的拥有 D 个神经元的网络层能够被看成是 2^D 个子网络/弱分类器的组合，网络每迭代一次，就相当于一个新的弱分类器。相反，网格丢弃是在数据输入处进行操作，只训练一个分类网络。这就是说，神经元丢弃训练多个弱分类器，需要更多的训练数据。而网格丢弃只训练一个网络，且自身能起到数据增强的作用，扩充样本集。

从 CNN 可视化的角度来看，可以用类别激活图或基于梯度的类别激活图来比较神经元丢弃和网格丢弃的效果。假设 F_k 代表最后一个卷积层的第 k 个通道的特征图，尺度为 $l \times l$，$W = \left\{ w_{kc} \right\}_{K \times C}$ 代表分类层的权重矩阵，C 是类别数，K 是最后一个卷积层的通道数。本质上说，w_{kc} 代表特征图 F_k 对于类别 c 的重要性，且能够通过分类层 y^c 对特征层 F_k 求梯度来得到，

$$w_{kc} = \sum_{(m,n)} \frac{\partial y^c}{\partial F_k(m,n)}, \qquad (3\text{-}3)$$

每一类 S_c 的激活图能够表示为 $S_c = \sum_k w_{kc} F_k$。其中，S_c 是第 c 类的 $l \times l$ 尺度的激活图。

3.3.4　泛化性能比较

机器学习模型训练的目的是找到最具泛化性能的模型。深度学习之所以能有更好的效果，庞大的数据集是主要原因之一。所以，在深度学习中有一个共识：提高模型的泛化能力主要靠大规模数据，尽管有一些数据增

强的办法。设计一个复杂的模型（参数多的网络）通常能够在训练数据上获得更好的性能，但是在测试数据集上往往表现不佳。我们提出的基于网格的丢弃方法能够扩大样本集以提高模型的泛化能力。

在本章中，泛化误差代表测试误差，是评价模型泛化能力的重要指标。它通常由两个因素所决定：测试偏差和测试结果间的方差。当模型变得复杂时，其测试结果间的方差就比较大。总的来说，偏差由训练损失来评定，方差则决定了模型的复杂程度。当模型变得复杂时，其方差往往会比较大。作为一个常识，偏差-方差在识别率和稳定性间的平衡是机器学习一个永恒的话题。使用网格丢弃，每一个训练图片有 $C_{s \times s}^{[s \times s \times p]}$ 种选择，其中 s 是网格在横向/纵向上划分的数目，$p \in [0,1]$ 是丢弃的比例。网格丢弃能扩大当前数据集，并减慢方差增长的幅度，如图 3-2 和实验中图 3-5 所示。从图 3-2 可以看出，缓慢增长的泛化误差才是一种理想的训练趋势。

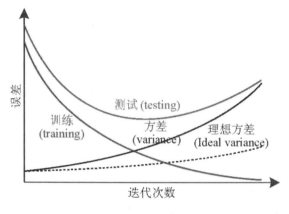

图 3-2　偏差-方差关系图

3.4　实验结果及分析

在这一部分，针对有序性图像分类问题，比较了神经元丢弃（neuron dropout）[54]、网格丢弃和神经元丢弃（neuron+grid dropout）、基于丢弃位置的网格丢弃和神经元丢弃（neuron+grid+masking）的性能。此外，我们比较了神经元丢弃和网格丢弃的类别激活图 gradCAM。在本章的实验中，Adience 数据集[12]（或称为 AdDb）共有 8 个有序性的类别。许多先前的工作[12,37,79]都是基于该数据集，但它们是在不同的实验条件和网络模型下进行的，比如有些工作使用在人脸数据集 MS-Celeb-1M[79]上预训练的模型来进一步训练 AdDb 数据集。在本实验中，我们更多地关注对比实验。即使使用很少的训练技巧，提出的方法在对比实验（Ablation study）和与主流方法的比较实验中仍获得了不错的表现。更重要的是，相比神经元丢弃，网格丢弃获得了更好的类别激活图。

3.4.1　数据集

在本章中，使用 AdDb 数据集[12]和 CarDb 数据集[85]来实施有序性分类。AdDb 提供了年龄标签 y_n，其年龄等级划分方式为{0,1,$\cdots$,7}（0-2,4-6,8-13,15-20,25-32,38-43,48-53,60- ）。该数据集包含大约 26000 张图片，采集自 2284 个不同对象。AdDb 的图片来自无约束的拍摄环境，不同图片的拍摄视角、光照、分辨率等都不同，使得年龄估计问题很有挑战性。我们跟随文献[12]，采用标准的训练/测试划分方式，执行 5-fold 的交叉验证，分别标注为 Cross0、Cross1、Cross2、Cross3、Cross4。本部分采用识别率、泛化性能和基于梯度的类别激活图的可视化来评价不同模型的表现。

汽车年代估计数据集 CarDb[85]包含 13473 张汽车图片，汽车的标签区间从 1920 到 1999。所有的这些图片都标有汽车的生产年代，它们是连续值（连续整数值）。此处，为了验证有序性分类，将连续的区间[1920,1999]进行处理，设置为[0,79]，然后将其映射到 8 个不同的等级上。为了公平比较，采用了与工作 CarDb[85]一样的训练/测试数据集划分方式，其中10343 张图片作为训练样本集，3340 张图片作为测试样本集。对于该数据集，在同等条件下执行对比性实验，以验证提出模型的鲁棒性。为了更方便地复现我们的工作，在 CarDb 中所有的实验都使用 VggNet[3]在同等条件下执行。

3.4.2　实验设置

文献[12]针对有序性分类自定义了一个网络模型，称为 GilNet。为了更好地与其他方法进行比较，本部分采用了 VGG-net[3]。在对比性实验中，所有的实验都是在相同的设置条件下。

在模型训练中，初始学习率设置为 0.001，并采用指数衰减的方式减少，每 5000 步下降 0.5 倍。批次大小设置为 64，所有的模型训练 150 个周期（Epoch）。在神经元丢弃实验中，丢弃率设置为 0.5。对于所有的模型，我们冻结初始的四个卷积层，从 Conv1-1 到 Conv2-2。在 AdDb 上，网格丢弃将图片划分为 5×5，丢弃率为 0.25，AdDb 数据集被丰富了 $C_{5\times5}^{[5\times5\times0.25]}$ 倍。在 CarDb 上，网格丢弃将每张 5×5 图划分成 4×4 的同等大小网格，丢弃网格的比例为 0.25，CarDb 数据集能够被丰富 $C_{4\times4}^{[4\times4\times0.25]}$ 倍。

对于有序性分类来说，我们进行了三组实验。第一组实验比较了神经元丢弃（neuron dropout）、神经元丢弃+网格丢弃（neuron+grid dropout）、基于网格丢弃位置的网格丢弃+神经元丢弃（neuron+grid dropout+masking）。在该组实验中，VGG-net 使用了在 ImageNet 上预训练的参数。第二组实验单独地比较了神经元丢弃（neuron dropout）和网格丢弃（grid dropout），并且是在全连接层无预训练参数的情况下执行。因为我们希望理解哪些模型有更强的泛化能力和更好的表现，直接训练全连接层是一个好的评价方式。最后一组实验对训练学习率和训练次数进行了微调，以与目前主流的方法进行比较。

3.4.3　AdDb 数据集的结果

本部分在 AdDb 上进行了三组实验：一是比较 neuron dropout、neuron+grid dropout、和 neuron+grid dropout+masking；二是单独比较 neuron dropout 和 grid dropout；三是与主流方法进行比较。

1. 神经元丢弃、网格丢弃、基于网格丢弃位置的网格丢弃

为了验证网格丢弃的作用，本部分比较了 neuron dropout、neuron+grid dropout、和 neuron+grid dropout+masking 三种方法。此外，从三个方面来评价模型的表现：分类识别率、训练曲线和测试曲线的差距、基于梯度的类别激活图的可视化。

在表 3-1 中，neuron dropout、neuron+grid dropout 和 neuron+grid dropout+ masking 三种方法的识别率逐渐提高，说明了网格丢弃和网格位置的必要性。这意味着，网格丢弃和基于网格丢弃位置的方法起了很大作用。不失一般性，如图 3-3 所示，对比了一组训练过程。与 neuron dropout 相比，neuron+grid dropout 的训练/测试曲线差距更小一些，且它们的训练曲线明显要低一些，说明过拟合问题得到了减轻，见图 3-3 和图 3-2。从识别率和损失曲线来看，neuron dropout 有更严重的过拟合问题，并且随着训练次数的增多，问题会越来越严重。总的来说，网格丢弃结合神经元丢弃能获得非常好的效果。

此外，基于网格丢弃位置的方法获得了最好的识别性能和最好的泛化性能。我们认为主要的原因有两点：一是网格丢弃作为一种数据增强方法减轻了过拟合的问题；二是网格丢弃位置信息进一步加强了特征提取的能力。此外，从图 3-4 可以看出，neuron+grid dropout 的 gradCAM 要更好更全面一些，图中第三行的激活图是关注整张人脸上，但是第二行的激活图仅仅在人脸的一些局部区域。这就说明网格丢弃的方法能够发现更多有判别性的区域，而不是最具判别性的区域。

表 3-1　三种方法在 AdDb 上的结果对比

方法	Cross0	Cross1	Cross2	Cross3	Cross4	Mean
Neuron dropout/%	61.17	41.66	57.83	49.68	51.45	52.36
neuron+grid dropout/%	62.44	44.31	57.80	49.08	53.51	53.43
neuron+grid+masking/%	63.14	45.79	57.53	49.17	53.94	53.91

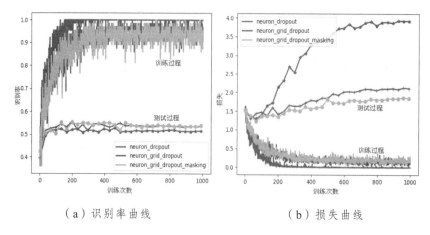

（a）识别率曲线　　　　　　　　　　（b）损失曲线

图 3-3　三种方法在 AdDb 上的识别率（a）和损失（b）曲线的比较

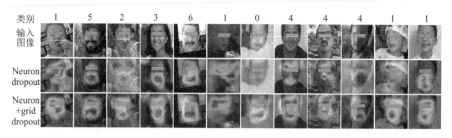

图 3-4　neuron dropout 和 neuron+grid dropout 方法在 AdDb 上的 gradCAM 比较

三行分别代表输入图片、neuron dropout 和 neuron+grid dropout 的 gradCAM，每张人脸的有序性标签附在图片的正上方。

2. 全连接层无预训练情况下的神经元丢弃和网格丢弃

为了进一步分析神经元丢弃和网格丢弃的关系，在全连接层没有使用预训练参数，单独比较网格丢弃（grid dropout）和神经元丢弃（neuron dropout）。相应地，卷积层使用了预训练的参数，以更好地提高模型的表征能力。本节比较了神经元丢弃和网格丢弃的效果，在上一节并没有进行单独比较。如表 3-2、图 3-5 和图 3-6 所示，这里对识别率、训练/测试曲线、gradCAM 三个方面进行了比较。对比神经元丢弃，网格丢弃在三个方面都获得了更好的表现。我们认为，神经元丢弃的不足来自于使用固定的训练数据集来训练复杂的集成学习分类器。从图 3-6 可以看出，网格丢弃起了较大的作用。可以看到，神经元丢弃（第二行）在空间上的刺激更容易拟合到人脸的特定区域，比如第 4 张到第 7 张图片的额头。相比之下，网格丢弃（第三行）能较好地刺激整张人脸，而不仅仅是关注最具判别性的区域。

表 3-2　neuron dropout 和 grid dropout 在 AdDb 上的对比结果

方法	Cross0	Cross1	Cross2	Cross3	Cross4	Mean
neuron dropout/%	54.40	40.28	52.38	41.88	51.56	48.10
grid dropout /%	60.29	42.08	56.42	48.97	50.91	51.73

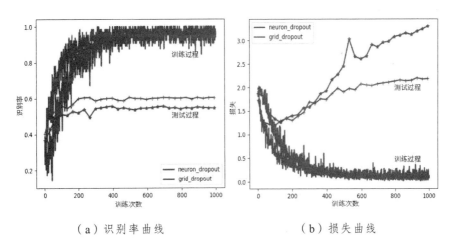

（a）识别率曲线　　　　　　　（b）损失曲线

图 3-5　neuron dropout 和 grid dropout 在 AdDb 上的识别率（a）和损失（b）曲线的比较

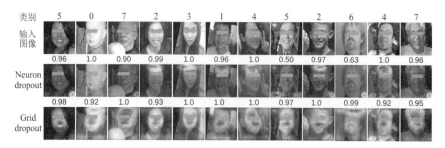

图 3-6　在全连接层没有预训练参数的情况下 neurondropout 和 griddropout 方法在 AdDb 上的 gradCAM 比较

三行分别代表输入图片、neurondropout 和 griddropout 的 gradCAM。每张人脸的有序性标签附在输入图片的正上方。在激活图的上方附了最大类别概率值。

3. 与主流方法的比较

在 AdDb 上，第三组实验主要是为了与其他主流方法进行比较。在这一节中，我们嵌入了有序性信息以提升分类效果，见式 3-2。从表 3-3 可以看出，除了文献[79]的结果外，提出的模型的效果几乎是最好的。事实上，文献[79]的主要优势是使用了专门的人脸数据集 MS-Celeb-1M 来进行预训练。

表 3-3　与主流方法在 AdDb 上的结果比较

方法	Mean/%
LBP+FPLBP[78]	45.10
Deep CNN[12]	50.70
Cumulative Attribute[37]+CNN	52.34
L-w/o-hyper[79] (pretrained on MS-Celeb-1M)	49.46
L-w/o-KL[79] (pretrained on MS-Celeb-1M))	54.52
Full model[79] (pretrained on MS-Celeb-1M))	56.01
Our proposed model (neuron+grid+masking+regression)	54.20

3.4.4　CarDb 数据集的结果

与 AdDb 类似，在 CarDb 上，一方面比较 neuron dropout、neuron+grid dropout、neuron+grid dropout+masking，从识别率、训练/测试损失曲线和 gradCAM 的可视化三方面分析了模型的性能；另一方面单独比较了 neuron dropout 和 grid dropout。由于该数据集主要是处理年代回归任务，之前没有相关工作将其转化成分类任务，所以在该数据集上只进行了对比实验，没有与其他方法进行比较。

1. 神经元丢弃、网格丢弃、基于网格丢弃位置的网格丢弃

在 CarDb 数据集上得到了与 AdDb 非常类似的结果，neuron dropout、neu-ron+grid dropout 和 neuron+grid dropout+masking 三种方法的识别率逐渐提高，具体见图 3-8、图 3-7、表 3-4。这说明了网格丢弃和网格位置在 CarDb 数据集上的必要性，网格丢弃和基于网格丢弃位置的方法确实起了作用。

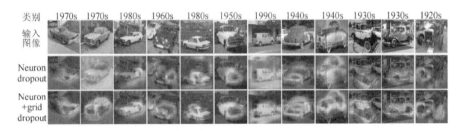

图 3-7　neuron dropout 和 neuron+grid dropout 在 CarDb 上的 gradCAM 比较

三行分别代表输入图片、neuron dropout 和 neuron+grid dropout 的 gradCAM。每张汽车图片的有序性标签附在图片的正上方。

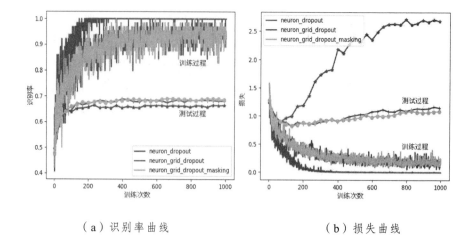

（a）识别率曲线　　　　　　　　　　（b）损失曲线

图 3-8　三种方法在 CarDb 上的识别率（a）和损失（b）曲线的比较

表 3-4　三种方法在 CarDb 上的识别率

方法	CarDb
Neuron dropout/%	66.44
neuron+grid dropout/%	68.05
neuron+grid+masking/%	68.56
neuron+grid+masking+regression/%	68.62

2. 全连接层无预训练情况下的神经元丢弃和网格丢弃

为了让神经元丢弃和网格丢弃在公平的环境下进行比较，在本节我们使用单独的神经元丢弃和网格丢弃进行比较，并在全连接层不使用预训练的参数。从表3-5和图3-10可以看出，网格丢弃能获得更高的识别率64.70%，而神经元丢弃获得了 61.77% 的识别率。在图3-9中，网格丢弃对于汽车年代估计有更好的理解，而不是只关注在某些特定的区域。

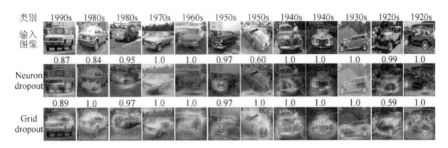

图 3-9　在全连接层没有预训练参数的情况下神经元丢弃和网格丢弃方法在
CarDb 上的 gradCAM 比较

三行分别代表输入图片、neuron dropout 和 grid dropout 的 gradCAM。每张汽车图片的有序性标签附在输入图片的正上方。在激活图的上方附了最大类别概率值。

表 3-5　neuron dropout 和 grid dropout 在 CarDb 上的对比实验

网络模型	CarDb
neuron dropout/%	61.77
grid dropout/%	64.70

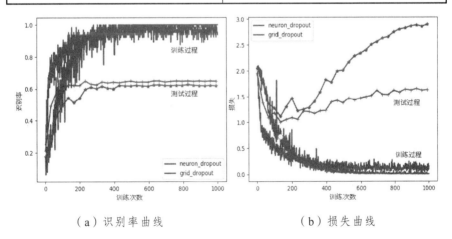

（a）识别率曲线　　　　　　　　　（b）损失曲线

图 3-10　neuron dropout 和 grid dropout 在 CarDb 上的识别率和损失曲线比较

3.5　本章小结

本章提出了一种网格丢弃的方法，随机地丢弃一些图像网格。为了保持图像的结构，采用掩蔽标签作为训练目标。在实验中从识别率、泛化能力和基于梯度的类别激活图的可视化三个方面验证了本提出的方法。这里还讨论了神经元丢弃和网格丢弃之间的关系，发现对于中小型数据集，网格丢弃优于神经元丢弃，两者结合起来使用能进一步提高模型的识别率。最后，将提出的模型与主流的方法进行了比较，实验证明提出的方法具有很强竞争力。

第 4 章

图像有序性分类：多视角的网格丢弃

本章从集成学习的角度来进一步提升图像有序性分类丢性能。最近一些关于有序性图像分类的工作都是基于深度 CNN 网络，然而设计性能优良且实用性强的 CNN 网络往往需要大量的训练样本。在本章中，提出了两个多视角的学习方法：

一方面，提出了一个基于多视角最大池化（Multi-View Max Pooling，MVMP）的分类方法，其中每一张图片都以网格化的形式被随机地遮挡，以此产生多个视角的图片。

另一方面，为了充分考虑有序性关系，提出了一个基于多视角最大池化的分类任务和基于平均池化的回归任务（Multi-View Max Pooling for classification and Average Pooling for regression，MVMPAP）。根据前文，回归的任务有利于分类的任务。提出的方法在 Adience 数据集上表现出了非常有竞争力的效果。

4.1 多视角网格丢弃的必要性

图像有序性分类主要是在有序性关系的背景下进行图像分类。一些年龄估计[78]和图像质量评估[86]的例子就属于这一类问题。它们的分类标签是离散的，但是在类别间存在着有序关系。有序性分类问题的关键是如何处理类别间的关系，处理方法极大地影响着识别性能。除了对于算法的优化，数据增强也是一种很重要的提高有序性识别的方法，特别是对于深度学习来说。最近几年，随着深度学习的不断广泛应用，许多工作[12,37,73,87]使用CNN都达到了最佳的性能。然而，数据集的大小极大地影响着模型的性能。更麻烦的是，对有序性问题进行标记比普通的分类问题的标记要复杂得多，比如标记猫和狗的类别比标记有序的分值要容易得多。

通常情况下，深度学习中解决样本不足的问题一般采用数据增强的办法，常用的方法包括随机旋转、切割、平移、局部的处理等。但是，这些方法容易破坏图像中对象的几何关系或者空间结构，比如人的眼睛在嘴巴的上面。在本章中，提出来的新的数据组合方法随机地遮盖图片的一些网格，并输入到一个共享的 CNN 中。从多个视角随机地遮挡一些区域也来自于人类认识世界的方式：人们能从多个遮挡的视角来识别图片，如图 4-1 所示。

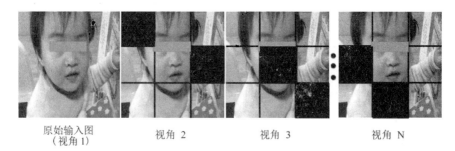

原始输入图　　　　　视角 2　　　　　视角 3　　　　　视角 N
（视角 1）

图 4-1　基于多视角的有序性图像分类

人们从不同的视觉能识别图中的女孩的年龄。

一些之前的多视角方法[88-90]被广泛研究，以探索多个不同域的信息。传统的多视角学习网络往往可以分为共训练（co-training[91]）和多核/子空间学习[92-94]。一般来说，它们从多个域学习多个分类器或者是特征空间，然后进行统一的聚合。在这些方法中，来自不同域的知识是已知可获得的。但是在本章的模型中聚合的是一张图片的多个不同视角而不是多个不同域的知识（Domain knowledge）。这就是说，我们只使用一个域的知识，但将多个视角进行聚合，并嵌入到深度学习模型中。据我们所知，这是第一个在深度学习框架下探索多视角学习的方法。

4.2 基于多视角最大池化（MVMP）的分类

将分类问题形式化成学习一个从特征空间 X 到标签 $\mathcal{Y} = \mathbb{R}^C$ 的一个映射 f，也即是，$f{:}X \to \mathcal{Y}$，其中 C 代表类别数。假设一个由 M 张图片构成的训练集 $S = \{(\boldsymbol{x}_1, \boldsymbol{y}_1), (\boldsymbol{x}_2, \boldsymbol{y}_2), \cdots, (\boldsymbol{x}_M, \boldsymbol{y}_M)\} \in (X \times \mathcal{Y})^M$，对于任一原始的图片 $\boldsymbol{x}_m$，生成 N 个遮挡的视角图像 $X_m = \{\boldsymbol{x}_m^1, \boldsymbol{x}_m^2, \cdots, \boldsymbol{x}_m^N\}$，如图 4-1 和图 4-2 所示。对于每张图片来说，映射 f 的输出能够表示成 $\hat{\boldsymbol{y}}_m^i = f(\boldsymbol{x}_m^i), \hat{\boldsymbol{y}}_m^i \in \mathbb{R}^C$。

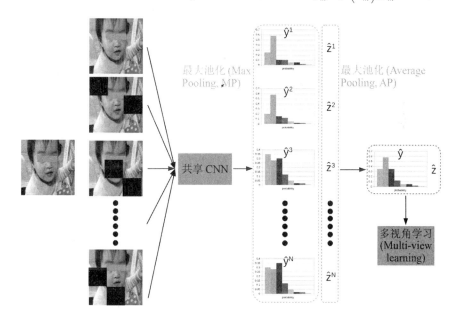

图 4-2 MVMP 和 MVAP 的结构图

接下来考虑不同输出 $\hat{\boldsymbol{y}}_m^i$ 的融合。一个很自然的想法就是对输出集

$\left\{\hat{\boldsymbol{y}}_m^i\right\}_{i=1\ldots N}$ 采用投票的方式进行聚合。我们并没有采用投票，而是在 N 个视角上使用最大池化。每一个被遮挡的图片 $\boldsymbol{x}_m^i$ 的类别概率 $\hat{\boldsymbol{y}}_{mc}^i$ 用来进行信息融合，对于所有的 i 和 m，满足 $\Sigma_{c=1}^C \hat{\boldsymbol{y}}_{mc}^i = 1$。对于每一张输入图片 $\boldsymbol{x}_m^i$，其聚合的概率 $\hat{\boldsymbol{y}}_{mc}$ 通过对 N 个视角进行最大池化，如图 4-2 所示。聚合的类别概率表示如下，

$$\hat{\boldsymbol{y}}_{mc} = \max_i \left\{\hat{\boldsymbol{y}}_{mc}^i\right\}_{i=1}^N \qquad (4\text{-}1)$$

在聚合后，聚合的类别概率的求和不为 1，也就是对任何 m 来说，$\Sigma_{c=1}^C \hat{\boldsymbol{y}}_{mc} \neq 1$。此处，我们使用 softmax 函数来归一化类别概率 $\hat{\boldsymbol{y}}_{mc}$。最后，使用常用的交叉熵损失函数作为训练目标。不同于传统 CNN 训练的方法，提出了使用多视角遮挡的方法，并定义了一个新颖的 MVMP 训练损失，将多个视角的类别概率进行聚合。最终的损失函数可以写成，

$$L_{MVMP} = -\sum_{m=1}^M \sum_{c=1}^C \boldsymbol{y}_{mc} \log\left(soft\max\left(\hat{\boldsymbol{y}}_{mc}\right)\right) \qquad (4\text{-}2)$$

4.3　基于多视角平均池化（MVAP）的回归

图像有序性分类通常包含两个方面的信息：类别信息和有序性信息。在上一节中，MVMP 只考虑了类别信息而没有考虑有序性分值。在这一节，提出 MVAP 以将回归信息嵌入到分类中，成为一个双任务的学习问题。

当考虑回归任务时，有序性分值 $z_m \in \mathbb{R}$ 通过回归函数预测得到，即 $h: \boldsymbol{x}_m \rightarrow z_m$。不同于分类任务中的分类概率，回归任务生成了一个预测的分值 $\hat{z}_m = h(\boldsymbol{x}_m)$。对于 N 个随机遮挡的图片 $\left\{\boldsymbol{x}_m^i\right\}_{i=\{1,2,\ldots,N\}}$，$N$ 个预测的分值 $\left\{\hat{\boldsymbol{z}}_m^i\right\}_{i=\{1,2,\ldots,N\}}$ 由映射 h 得到。考虑到 $\hat{\boldsymbol{z}}_m^i$ 是一个标量值，对于每张原始图片，使用平均池化来聚合 N 个输出，

$$\hat{z}_m = \frac{1}{N} \sum_{i=1\cdots N} \hat{z}_m^i \qquad (4\text{-}3)$$

对于分值回归的任务，采用 L2 损失，

$$L_{MVAP} = \sum_{m=1}^{M} \left\| z_m - \hat{z}_m \right\|_2^2 = \sum_{m=1}^{M} \left\| z_m - \sum_{i=1\cdots N} \hat{z}_m^i \right\|_2^2 \text{。} \quad （5\text{-}4）$$

最大池化和平均池化被分别应用到 MVMP 和 MVAP 中。然而，前者使用最大池化来处理多个类别分布 $\hat{\boldsymbol{y}}_m^i \in \mathbb{R}^C$，后者使用平均池化处理多个标量值 $\hat{z}_m^i \in \mathbb{R}$，如图 4-2 所示。它们同时都使用了多视角的想法，但是采用了不一样的聚合策略。

因为回归的任务有助于有序性分类，所以采用多任务的方式整合了两个损失函数，最终的训练目标 L$_{MVMPAP}$ 可以写为，

$$L_{MVMPAP} = L_{MVMP} + L_{MVAP} \quad （4\text{-}5）$$

4.4　实验结果及分析

4.4.1　实验细节

在这一节比较普通 CNN，MVMP 和 MVMPAP 三种方法，进行有序性分类。实验数据集采用有挑战性的 Adience 数据集[12]，它将年龄区间分成了 8 个等级 $\{y = n\}_{n=0\cdots7}$。具体的离散区间划分为(0-2, 4-6, 8-13, 15-20, 25-32, 38-43, 48-53, 60-)。式 4-2 和式 4-4 中的分类标签 y_m 与回归标签 z_m 在表示形式上是一样的，但是代表不同的意义。前者代表类别，与数字大小无关；后者代表有序性的数值，与类别无关。该数据集大概有 26000 张图片，来自 2284 个对象。按照工作[12]的划分方式，进行了 5-fold 的交叉验证，分别表示为 Cross0、Cross1、Cross2、Cross3、Cross4。我们用识别率来评价不同模型的性能。

先前的许多工作[12,37,73,78]都在这个数据集上进行过验证，但是它们大多都是在不同的条件和网络模型下进行。工作[12]专门定义了一个特定的网络模型来进行有序性图像分类。为了实验的公平性和可复现，在本节中使用 VggNet 来作为基本模型。事实上，工作[3,37,73]也是采用的 VggNet。在对比性的实验中，所有的方法都是基于同等的条件。

在训练阶段，初始化学习率为 0.001，并使用指数级的下降方式来控制学习率，即每 5000 次迭代，学习率下降 0.5 倍。对于所有模型，对网络的前两个卷积模块 Conv1-1 到 Conv2-2 进行了冻结。每一张图片都被划分成 5×5 同等大小的网格。网格丢弃的比率为 25%，将 Adience 数据集丰富了 $C_{5\times5}^{[5\times5\times0.25]}$ 倍。我们将多视角设置为 8，即 N=8。这就是说，对于每一张原始图片，MVMP 和 MVAP 将 8 个随机遮挡的图片作为输入。在训练阶段，批次大小设置为 64，对于一般的 CNN 来说，每个批次输入 64 张原始图片，总的训练周期是 150 个循环（Epoch）；对于 MVMP 和 MVAP 来说，一次只输入 8 张原始图片，共 64 张遮挡的图片，总的训练周期是 45 个循环。VGG-Net 模型继承了使用 ImageNet 预训练的参数。

在测试阶段，没有必要执行遮挡操作。为了使用多视角的信息，也使用了 8 个视角：4 个图像的角落和 4 个边缘性的角落。这种操作方式在数据增强中比较普遍。

4.4.2　实验结果

为了验证提出的方法的有效性，本节进行了两组比较实验。一方面，在同等条件下做了对比性的实验；另一方面，将提出的方法与当前的主流方法进行比较。事实上，提出的方法推广性很强，很容易嵌入到这些主流模型中，进一步提高它们的性能。对比性实验和与主流性方法的对比实验的结果分别见表 4-1 和表 4-2。

表 4-1　CNN、网格 CNN、MVMP 和 MVMPAP 的对比

网络模型	Cross0	Cross1	Cross2	Cross3	Cross4	平均识别率
CNN/%	61.17	41.66	57.83	49.68	51.45	52.36
grid-CNN/%	62.44	44.31	57.80	49.08	53.51	53.43
MVMP/%	66.52	52.24	62.44	54.08	58.35	58.73
MVMPAP /%	68.16	54.66	63.88	57.24	57.78	60.34

表 4-2　与主流方法的比较

网络模型	识别率
LBP+FPLBP[78]/%	45.10
CNN[12]/%	50.70
Cumulative Attribute[37]+CNN/%	52.34
L-w/o-hyper[73] (pretrained on MS-Celeb-1M)/%	49.46
L-w/o-KL[73] (pretrained on MS-Celeb-1M)/%	54.52
Full model[73] (pretrained on MS-Celeb-1M)/%	56.01
MVMP/%	58.73
MVMPAP/%	60.34

　　在表 4-1 中，对于所有交叉验证的划分，可以注意到 MVMP 和 MVMPAP 比普通的 CNN 提高较多（大约 5%~13%）。这说明，在有序性分类中，基于多视角遮挡的方法是一个性能优越且鲁棒的模型。而且，分类和回归任务联合训练、相互促进。为了进一步地探索结果，不失一般性，我们分析了第一个交叉验证划分 Cross0 的识别率混淆矩阵，如图 4-3 所示。我们发现当考虑多视角的学习时，三个方法的混淆矩阵结果逐渐提升，这进一步说明了提出模型的有效性。

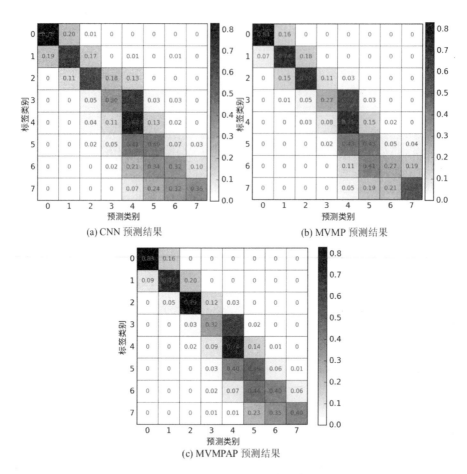

图 4-3　有序性分类的混淆矩阵结果

为了进一步说明多视角学习的有效性,进行了另外一组对比实验。网格 CNN 随机遮挡掉一些网格,比较了聚合和不聚合两种情况下的结果以探索两者的区别,具体结果见表 4-1。相比网格 CNN,MVMP 和 MVMPAP 都表现出了更好的性能。总的来说,多视角学习确实起到了提升性能的作用。

除了执行对比实验,也将多视角学习方法与其他主流方法进行了比较。如表 4-2,MVMPAP 获得了更好的性能。更重要的是,我们的结果比文献

[73]还要好。事实上，文献[73]采用了专门的人脸数据集 MS-Celeb-1M 进行预训练，能够学到更好的特征表达。

4.5 本章小结

本章提出了基于多视角学习的网格丢弃方法，将训练图片以网格的方式进行随机地遮挡，然后将多个视角遮挡图片的结果进行聚合。每一张原始图片的预测由多视角的遮挡图片来决定。在实验中，我们执行了对比性实验和与主流方法比较的实验，并获得了当前最好的性能。

第5章

有序性视觉美学理解

　　本章从应用的角度,对美学有序性分类和理解进行研究。视觉美学识别和理解是图像有序性估计的一个重要的应用问题,主要是对图片的美感进行评估,而美感的评估(打分)是一个有序性的问题。近几年相比传统的使用手工特征和浅层分类器的方法,图像美学评估使用深度学习获得了非常好的性能。与识别问题类似,美学估计将图片按照美学属性划分成不同的等级。然而,受限于对图片的理解,目前还没有深入地理解为什么图片会呈现不同的美感。事实上,大多数传统的方法都采用手工的特征来理解图片的美学和预测图片的目标/内容信息,但是在深度学习中,关于这一方面的研究较少。另外,美学估计是一个非常主观的评定,有时候很难给出一个非常明确的标签。这使得美学评估极容易导致不平衡的样本分布。

　　为了处理以上这些问题,本章设计了一个端到端的 CNN 模型来同时执行图像美学分类和理解。为了应对不平衡的样本,提出了一个基于样本加权的分类方法,对重要程度不同的样本赋予不同的权值。事实上,将一些模棱两可的样本剔除也是一种特殊的基于样本加权的方法。为了进一步理解深度 CNN 网络学到了什么,在最后一个特征层上使用全局性的平均池化(GAP),以生成美学激活图(AesAM)和属性激活图(AttAM)。美学激活图和属性激活图分别代表美学等级在空间位置上的表现和美学属性在空间位置上的表现。特别地，AesAM 主要考虑在深度学习模型中学到了什么。下面用公开的最大美学数据集 AVA[98]进行实验，并获得了当前最好的性能。得益于 AttAM，美学等级在内容上更有可解释性。最后，我们提出了一个简单的基于 AesAM 的图像切割的应用。

5.1　基于样本加权的分类和美学理解的必要性

由于在图像检索和图片编辑中的广泛应用，图像美学分析在计算机视觉和多媒体搜索领域正变得越来越重要。由于图像美学评估通常非常主观，很难给出一个确定的数值，大部分的美学评估[95-97]都被定义成一个分类问题，也即是将美学图片划分成不同的等级。在传统的方法[98]中，通常使用手工提取的特征比如颜色[99]和 SIFT[32]，结合浅层分类器比如支持向量机来进行图像美学预测。

最近几年，深度学习在图像分类[1]上取得了极大的发展。为了进一步提高美学分类的效果，许多的工作基于深度 CNN 来进行图像美学评估[69,71,97,100,102]。Lu 等人[69]提出直接使用 CNN 来得到美学评估结果，且发展了一个两分支的 CNN 模型，同时考虑整体和局部的信息。目前深度学习模型被认为在美学评估中是一种高效的解决方法，特别是在大型数据集 AVA 上的测试，结果远远超过了传统的方法。

尽管使用深度 CNN 获得了较高的识别率，但是这些模型[69,100]并没有像传统方法那样分析模型到底学习了什么，是如何判断图像美学等级的。我们有必要在深度 CNN 背景下对图像美学进行理解，研究模型是如何进行判定的。Zhou 等人[80]提出了使用类别激活图（Class activation map，CAM）来对图像分类进行理解和可视化，分析了分类中各类别在图像空间上是如何刺激的。然而，目前还没有相关工作来对图像美学分类进行理解，特别是可视化美学等级。美学激活图与图像显著性区域[101]有一些类似，都是关注图片中感兴趣区域和重要区域。通过找出高等级美学区域能够有助于内容上的学习，而对美学兴趣区域的关注又反过来能促进美学等级的评定。最后，我们发现美学兴趣区域能进一步帮助图片切割，进行图片编辑。

除了美学激活图，美学标签的模糊性也给美学评定带来了较大的挑战。人类更倾向于对一些确定的问题做出评价，比如特别美、特别丑等，对于一些中间等级难以区分，图 5-1 给出了一些例子。图中虚线上和下分别代表高等级美学和低等级的美学图像。对于人类来说，很容易判定左边的图像的美学等级，但是对右边的图像等级难以给出明确的回答。这是因为右边的图像的美学分值大都在 5 分周围，因此难以给出明确的判断；左边的图像的分值则相对远离 5 分，所以比较好判定。美学判定中比较麻烦的问题是，左边的图像在数据集中往往占非常大的比重。我们对公开数据集 AVA 的分值进行了统计，发现美学分值的分布如图 5-2 所示，分值分布非常不均匀，大部分样本集中在 5 分周围（超过 80%的样本）。之前的许多方法没有过多地考虑过这个分布问题，将所有的训练样本给予同样的权重进行训练，因此训练得到的模型极容易受到这些模糊标签的影响。近年来，针对这个问题，文献[69,97,100,102]直接将 4~6 分的样本全部去掉，只留下少量的样本进行学习。但是这样又导致了另一个问题，样本量大量减少，毕竟 5 分周围的样本占到了 80%以上。大量样本的减少在一定程度上降低了模型的识别率。总的来说，之前的方法曾经考虑过该问题，但是并没有给出一个很好的解决办法。之前的方法对所有的样本同等看待，加上那些模棱两可的样本占的比重又大，它们极大地主导了模型的训练。

图 5-1 AVA 数据集中高等级美学和低等级美学图像的比较

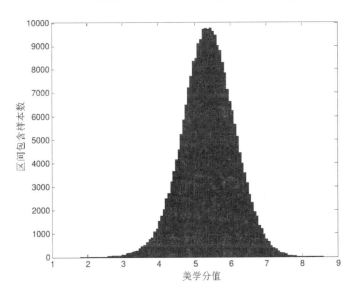

图 5-2 美学分值分布图

AVA 数据集的标签范围是[1,10]，每一张图像都由多个人进行打分，然后取其平均值。AVA 数据集中的样本超过 80%都位于 5 分周围，它们极大地影响着模型的训练。

最后，图像美学的属性信息也是比较主观和模糊，许多属性在视觉上难以检测，比如情感的、抽象的、历史的、幽默的、政治性的、科技的等。根据之前的一些工作[71,100]，除非对这些属性类别进行重新梳理，属性信息对 AVA 数据集中的美学评定几乎不起作用。因此，属性类别没有必要与美学预测进行联合训练，需要分开学习。

基于以上这些原因，在本章中，主要考虑图像美学二分类问题和美学理解。我们设计了两个模块同时对视觉美学/属性进行预测，并在测试中生成类别激活图。另外，为了处理美学分值分布不均匀的问题，提出了基于样本的损失函数来对每个样本给予不同的权重。特别地，模棱两可的样本给予比较少的权重，而比较明确的样本则给予较大的权重。事实上，这种做法与支持向量机的观点是有背离的。最大的区别是支持向量机有一个重要的前提，样本的标签是确定的。但是本章要解决的问题中有些样本的标签是不确定和主观的。

本章的主要工作是得到一个性能优异的美学等级分类器并理解等级分类器是如何学习的。

本章的主要贡献如下：

（1）基于 AVA 数据集中样本分值不均匀的问题，特别是模棱两可的样本居多，提出了一种样本加权的分类模型。模棱两可的样本给予较低的权重，明确的样本给予较大的权重。

（2）提出的模型能同时执行分类和美学理解，且以端到端的形式。与之前的工作相比较，提出的模型更简单、高效且能更大地减少参数量和存储量。

（3）为了解释深度美学模型到底学到了什么，联合训练了两个分支：一方面考虑图片的美学等级；另一方面考虑模型的美学属性。我们发现美学激活图与属性激活图是比较对应的，这说明美学等级和美学属性应该存在某种关联。

（4）研究了基于美学的图像切割，不同于以往的使用自下而上的显著图或者是划窗产生的显著图，而是在类别激活图的基础上进行划分。

5.2　有序性美学评估的相关工作

1. 图像评估和图像美学评估

图像评估通常指根据某种准则赋予图片以分值。例如，当给定一张人脸图片，我们如何评判该人脸的年龄？一般来说，图像估计能够被形式化成两个任务：分类和回归任务。在回归任务中，获得大量的分值标签是比较难的，并且异常费时。所以许多的图像估计都是集中在图像分类上，而不是图像回归。即使一个数据集给定了分值标签，也可以非常方便地将分值转化成不同的等级。事实上，心理学研究[38]表明，人类更喜欢进行定性评定而不是定量评定，即更喜欢不同层次的评定。在我们的实验中，人类不倾向于用确切的数值来描述美学评定。相反，定性的等级通常被使用，如优秀、好、坏。因此，对图像质量进行定性评价是一种很自然的方式，可以极大地降低评分的随机性，也让问题变得更直观和易理解[18]。

2012 年以前，许多关于图像估计的工作[16,29,30,99,103,104]主要使用支持向量机（SVM）、随机森林或支持向量回归（SVR）结合手工特征进行预测。近年来，随着 CNNs[1,3,25,41,54]模型在图像分类方面的广泛应用，成为研究者的首选。随着深度学习的不断流行，许多图像估计工作[12,40,69]使用 CNNs 模型获得了较好的效果。与深度学习模型相比，手工设计的特征通常比较复杂且有限，而深度模型学习得益于其强大的层次性的特征表达能力。然而，深度 CNN 模型通常被视为一个黑匣子，即输入一个图像，输出每个类的概率。事实上，传统方法中的手工特征虽然不如深度学习方法具有更好的表征能力，但具有可解释性和可视性。

视觉美学评估是图像估计（或图像分类）的一种特定的应用，具有较强的主观性。在计算机视觉领域，图像美学评估仍然非常有挑战性。对图像美学评估来说，许多的方法[15-17,69,98,99,104,105]被提出，大多目标是找到更好的美学特征表达，并通常将问题形式化成一个支持向量机或者随机森林的模型。自从深度学习的广泛应用，许多美学估计方法[69,71,95,97,100,102,106,107]都基于 CNN 网络，将图像美学评价定义为一个二分类问题：高层次或低层次的美学。

文献[69]是最早使用深度 CNN 来进行美学估计的工作，后来的许多工作也都是基于它。接着，Lu 等人[95]提出使用原始图像的图像块来提高模型的性能。输入图片需要进行切割或者四周填充等操作，然后进行统一的图像尺度归一化，这样容易带来图像块的失真。在文献[97]中，为了解决尺度归一化的图像失真，提出了一个直接使用原始图片，而不用任何图像变换。特别地，它们在普通卷积上提出了一个可适应性的空间池化层以直接处理各种不同尺度的输入图像。为了考虑多尺度的特征提取，提出了多网络可适应性空间池化结构（Multi-Net Adaptive Spatial Pooling），由多个子网络以不同的空间尺寸池化层构成，并利用一个基于场景的聚合层来高效地整合不同子网络的预测结果。Kong 等人[71]提出使用相对排序的方式来进行美学评估，有点类似于尺度空间学习（Metric learning）。这个模型整合了图像摄影属性和图像内容信息，能够进一步帮助图像美学评估。Kao 等人[100]研究了图像美学等级与图像内容信息的关系，提出了一种任务间关系的学习方法。

深度学习在美学分类方面取得了很好的效果。然而，仍然存在一些尚未解决的问题。所有之前的工作在 AVA 数据集的训练中对样本给予同等的权重。考虑到一些模棱两可的样本，本章提出了一个加权的分类模型。该模型能突出一些确定的样本，弱化一些模棱两可的样本。美学评估的二分类模型可以区分高质量或低质量的图像，但不能解释图像是如何被判定/理解的。这刺激着我们去研究美学评估的可视化，而不仅仅是得到一个二元的结果。最后，美学可视化有助于图像裁剪的研究。

2. 图像切割

在传统的方法中，自动的图像切割技术主要有两条主线：基于注意力的方法[108,109]和基于美学的方法[110,111]。在深度学习流行之前，这些工作主要是用手工的特征来得到显著的区域，然后将这些区域分割出来。据我们所知，几乎没有工作采用端到端的形式进行图像切割。最近，Chen 等人[112]基于传统的方法，采用排序的方式对图像特征进行学习，并建立了一个图像切割的数据集。但是该工作使用提前提取好的特征，并没有进行端到端的训练。Mai 等人[97]也给出了一个图像切割的例子。它们采用滑窗的方式，每 20 个像素进行采集一个图像块，并进行美学打分。很直观，它们选择一些分值比较高的图像块的结果作为最终整张图片的结果。尽管该方法比较耗时，但它们得到了非常好的表现。Kao 等人[113]提出了一个基于美学图和梯度能量图的图像自动切割的方法。根据一些图像块的美学图和能量图，它们最终得到了整张图像的不同区域的分值，以决定如何切割。Deng 等人[106]建立了美学评估和切割的关系，但是仍然采用手工提取的特征。据我们所知，本书是第一个使用深度学习以端到端的形式来进行图像切割的工作。

5.3 美学分类和美学理解

这一部分提出了美学分类和理解的模型，并从网络结构和数学公式两个方面进行了分析。首先，给出了模型的整体结构图。其次，介绍了基于样本加权的分类方法。再次，研究了美学图像的类别激活图。最后，给出了一个简单的图像切割的应用。

5.3.1 模型的整体架构

本部分提出的模型主要由四部分构成：特征编码器 (f_{enc})，全局平均池化$\left(f_{gap}\right)$，美学等级分类器$\left(f_{hl}\right)$和美学属性分类器$\left(f_{att}\right)$，如图 5-3 所示。图像分类在深度学习中通常包括两个部分：特征提取器f_{enc}和分类学习器f_{hl}/f_{att}。在训练阶段，提出的模型包括两个分支：基于高/低级的美学等级分类器f_{hl}和基于属性的类别分类器f_{att}。给定一张图片，网络首先提取特征$\boldsymbol{X}=f_{enc}\left(\boldsymbol{I},\boldsymbol{\theta}_{enc}\right),\boldsymbol{X}\in\mathbb{R}^{M\times S\times S}$，其中$\boldsymbol{\theta}_{enc}$为编码参数，M 和 S 分别代表特征的空间尺度和通道数。于是，全局平均池化操作f_{gap}被应用到最后一个卷积层后面，通过对每个通道进行求和将特征层向量化。最后，在向量后面连接两个分类器f_{hl}和f_{att}。这两个并行操作能够写成，

$$\hat{\boldsymbol{y}}_{hl}=f_{hl}\left(f_{gap}\left(f_{enc}\left(\boldsymbol{I};\boldsymbol{\theta}_{enc}\right);\boldsymbol{\theta}_{gap}\right);\boldsymbol{\theta}_{hl}\right)=f_{hl}\left(f_{gap}\left(\boldsymbol{X};\boldsymbol{\theta}_{gap}\right);\boldsymbol{\theta}_{hl}\right),\hat{\boldsymbol{y}}_{hl}\in\mathbb{R}^{C\times1},$$

（5-1）

和

$$\hat{\boldsymbol{y}}_{att}=f_{att}\left(f_{gap}\left(f_{enc}\left(\boldsymbol{I};\boldsymbol{\theta}_{enc}\right);\boldsymbol{\theta}_{gap}\right);\boldsymbol{\theta}_{att}\right)=f_{att}\left(f_{gap}\left(\boldsymbol{X};\boldsymbol{\theta}_{gap}\right);\boldsymbol{\theta}_{att}\right),\hat{\boldsymbol{y}}_{att}\in\mathbb{R}^{C'\times1},$$

（5-2）

其中，C 和 C' 是美学等级的类别数和美学属性的类别数。$\hat{\boldsymbol{y}}_{hl}$是由$f_{enc}$、$f_{gap}$和$f_{hl}$预测得到的等级，$\hat{\boldsymbol{y}}_{att}$是由$f_{enc}$、$f_{gap}$ and f_{att}预测得到的属性。

模型的最终任务主要有两个：softmax 损失函数和多类交叉熵损失函数，并采用随机梯度下降的方式进行训练。我们联合训练两个任务：$\mathcal{L}=\mathcal{L}_{hl}+\mathcal{L}_{att}$，其中 $\mathcal{L}$、$\mathcal{L}_{hl}$ 和 $\mathcal{L}_{att}$ 分别代表最终的损失函数、美学等级损失函数和美学属性损失函数。模型的损失函数和其梯度分别如下，

$$\begin{aligned}\mathcal{L}&=\mathcal{L}_{hl}+\mathcal{L}_{att}\\&=-\frac{1}{N}\sum_{i=1}^{N}\sum_{c=1}^{C}\mathbf{1}\left(y_{hl}^{ic}=1\right)\log p\left(\hat{y}_{hl}^{ic}=1\big|\boldsymbol{X}_i\right)\\&\quad-\frac{1}{N}\sum_{i=1}^{N}\sum_{c=1}^{C'}\left\{y_{att}^{ic}\log\sigma\left(\hat{y}_{att}^{ic}\right)+\left(1-y_{att}^{ic}\right)\log\left(1-\sigma\left(\hat{y}_{att}^{ic}\right)\right)\right\},\end{aligned}$$

（5-3）

和

$$\frac{\partial \mathcal{L}}{\partial \Theta} = -\frac{1}{N} \sum_{i=1}^{N} \sum_{c=1}^{C} \mathbf{1}\left(\boldsymbol{y}_{hl}^{ic} = 1\right) \frac{\log p\left(\hat{\boldsymbol{y}}_{hl}^{ic} = 1 \middle| \boldsymbol{X}_i\right)}{\partial \Theta}$$

$$-\frac{1}{N} \sum_{i=1}^{N} \sum_{c=1}^{C'} \left\{ \boldsymbol{y}_{att}^{ic} \frac{\partial \log \sigma\left(\hat{\boldsymbol{y}}_{att}^{ic}\right)}{\partial \Theta} + \left(1 - \boldsymbol{y}_{att}^{ic}\right) \frac{\partial \log\left(1 - \sigma\left(\hat{\boldsymbol{y}}_{att}^{ic}\right)\right)}{\partial \Theta} \right\}, \quad (5\text{-}4)$$

其中，$\boldsymbol{X}_i$ 代表第 i 张输入图片的特征，Θ 代表模型总的参数表示，$\hat{\boldsymbol{y}}_{hl}^{ic}$ 是第 i 张图的第 c 类的美学概率，$p\left(\hat{\boldsymbol{y}}_{hl}^{ic} = 1 \middle| \boldsymbol{X}_i\right)$ 代表第 c 类的美学等级概率的 softmax 函数值，$\hat{\boldsymbol{y}}_{att}^{ic}$ 是第 i 张图的第 c 类美学属性的概率值，$\sigma\left(\hat{\boldsymbol{y}}_{att}^{ic}\right)$ 是 $\hat{\boldsymbol{y}}_{att}^{ic}$ 的 sigmoid 函数。

在测试阶段，f_{hl} 分支主要生成美学等级预测和美学等级类别激活图，f_{att} 分支主要生成美学属性预测和属性类别激活图。我们希望得到的不仅仅是美学等级/美学属性预测结果，更希望知道图片被预测的内部机理。为此，将全局平均池化 f_{gap} 和分类器 f_{hl}/f_{att} 调换顺序，它们之间的关系可以表示如下，

$$\boldsymbol{X}^{hl} = f_{hl}\left(\boldsymbol{X}; \boldsymbol{\theta}_{hl}\right), \boldsymbol{X}^{hl} \in \mathbb{R}^{C \times S \times S}, \quad (5\text{-}5)$$

$$\hat{\boldsymbol{y}}_{hl} = f_{gap}\left(\boldsymbol{X}^{hl}; \boldsymbol{\theta}_{gap}\right) = f_{gap}\left(f_{hl}\left(\boldsymbol{X}; \boldsymbol{\theta}_{hl}\right); \boldsymbol{\theta}_{gap}\right), \hat{\boldsymbol{y}}_{hl} \in \mathbb{R}^{C \times 1 \times 1}, \quad (5\text{-}6)$$

和

$$\boldsymbol{X}^{att} = f_{att}\left(\boldsymbol{X}, \boldsymbol{\theta}_{att}\right), \boldsymbol{X}^{att} \in \mathbb{R}^{C' \times S \times S}, \quad (5\text{-}7)$$

$$\hat{\boldsymbol{y}}_{att} = f_{gap}\left(\boldsymbol{X}^{att}; \boldsymbol{\theta}_{gap}\right) = f_{gap}\left(f_{att}\left(\boldsymbol{X}; \boldsymbol{\theta}_{att}\right); \boldsymbol{\theta}_{gap}\right), \hat{\boldsymbol{y}}_{att} \in \mathbb{R}^{C' \times 1 \times 1},$$

$$(5\text{-}8)$$

其中，$\boldsymbol{X}^{hl}$ 和 $\boldsymbol{X}^{att}$ 分别代表美学等级类别激活图（AesAM）和美学属性类别激活图（AttAM）。对比式 5-1、式 5-5、式 5-2 和式 5-7，仅仅是交换了 f_{gap} 和分类器 f_{hl}/f_{att} 的顺序。两种类别激活图分别指出了美学等级和属性预测在图像空间上的强弱分布情况，也即是 AesAM 和 AttAM，具体的例子如图 5-3 所示。

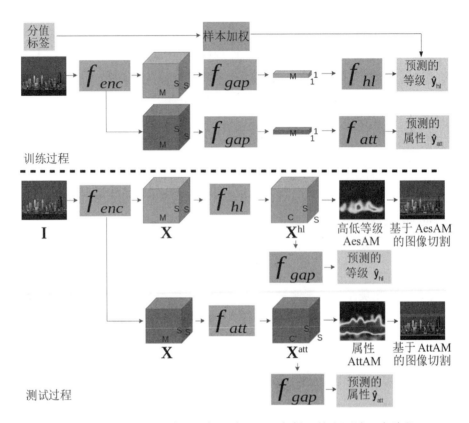

图 5-3　美学分类和理解的流程图：包括训练和测试两个阶段

对比普通的全连接层，使用全局平均池化层 f_{gap} 会丢失大量的空间信息。如图 5-3 和图 5-4 所示，f_{gap} 接在尺度为 $S \times S$ 的特征层后面，f_{gap} 的输出尺度为 $M \times 1 \times 1$。事实上，选择全局平均池化有两个原因。一是，使用 f_{gap} 不仅能够进行图像美学识别，也能生成类别激活图。直观上来说，f_{gap} 与卷积操作几乎是等价的，可以看成是一个核尺度为 $S \times S \times M$ 的滤波器/卷积核。因为它直接使用每一个通道的平均值来代替整个通道的信息，存在着较严重的信息丢失。但是，由于 M 的值本身比较大，所以在空间信息上的丢失也不会对结果造成太大的影响，后面的实验结果说明了这一点。二是，使用 f_{gap} 对于网络模型的大小有着天然的优势，如图 5-4 所示（其上图和下图分别对应普通全连接层和全局平均池化层的参数）。以

VGGNet-16 举例，如果使用普通的全连接层，则该连接层的参数为 $256 \times 14 \times 14 \times (4096+1) \approx 206 \times 10^6$；如果使用 GAP，则其参数为 $256 \times (4096+1) \approx 1 \times 10^6$，远小于全连接层的参数。总的来说，使用 GAP 大大减少了模型的参数，对于模型的实际应用有着重要的意义。

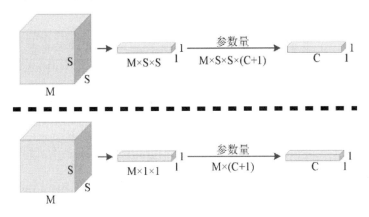

图 5-4　向量化层的参数分析

5.3.2　基于样本加权的美学分类

在这一节，提出了一种样本加权的美学分类方法，以解决美学数据集中的不均匀分布问题，尤其是模糊标签的问题。如图 5-2 所示，AVA 数据集中几乎 212092/255520=83% 的样本聚集在区间[4.5,6.5]内。这就是说，在 AVA 中存在太多模棱两可的样本位于这个狭小的区间。为了解决该问题，考虑赋予每个样本以不同的权重。根据图 5-2 所示的数据分布，考虑一个二元的权值分配方案。给定一张图片，当美学分值处于某一个区间时，赋予一个较高的权重，除此以外的样本被赋予较低的权值。可以看到，美学分值的分布近乎是个高斯分布。事实上，我们考虑过采用反-高斯的加权方式，即中间的样本的权重最低，越往两边权重越高。但是，这需要非常娴熟的调参经验，并且性能不够稳定。为此，我们使用了二元的权重分配。另外，本章的加权方式与支持向量机中边界样本的加权完全相反。最主要的原因是支持向量机中边界样本的标签是确定的，只是特征提取的还不够明确，所以这些样本就出现在边界上，应该赋予较高的权重；而在美学分类中，边界样本是因为标签模糊导致（样本的标签本身就不太确定），所以其权重应该有所削减。最终，基于二元加权的 softmax 损失函数可以表示为：

$$\mathcal{L}_{whl} = -\frac{1}{N}\sum_{i=1}^{N}\sum_{c=1}^{C} w_i \mathbf{1}\left(y_{hl}^{ic}=1\right)\log p\left(\hat{y}_{hl}^{ic}=1\big|X_i\right), w_i = \begin{cases} a, & 4 < A_{score}^i < 6 \\ b, & others \end{cases},$$

（5-9）

其中，w_i 是第 i 张图片的权重，A_{score}^i 代表第 i 张图片的美学分值。事实上，我们并不关心 a 和 b 的具体值，只考虑它们的比值 b/a。该比值控制着二元权重分配。

在训练阶段，两个分支的总的损失函数 $\mathcal{L}$ 可以表示为，

$$\mathcal{L} = \mathcal{L}_{whl} + \mathcal{L}_{att},$$

（5-10）

其中，基于样本加权的损失函数对统一的参数 Θ 求梯度能够表示成，

$$\frac{\mathcal{L}_{whl}}{\partial\Theta} = -\frac{1}{N}\sum_{i=1}^{N}\sum_{c=1}^{C} w_i \mathbf{1}\left(y_{hl}^{ic}=1\right)\frac{\partial\log p\left(\hat{y}_{hl}^{ic}=1\big|X_i\right)}{\partial\Theta}.$$

（5-11）

其中 w_i 是在梯度以外参与运算。

5.3.3 用于图像理解的深度激活图

这一节给出了关于深度类别激活图和美学理解的分析。正如公式 5-5、公式 5-6、公式 5-7 和公式 5-8 所示，在测试阶段，交换了 f_{gap} 和分类器 f_{hl}（或 f_{att}）的位置顺序，以得到深度类别激活图。该激活图能够提供神经元在图片空间位置上的刺激，可以作为美学理解的可视化。我们的模型能够生成 AesAM 和 AttAM，可以从美学等级预测和美学属性预测两方面来解释在图片不同空间位置上的重要性。前者揭示了哪些区域看起来有美感，

也即美学等级；后者说明了不同属性在图像的哪些区域特别突出。我们把它们统称为深度激活图，而不是一般的显著性图[101]。从神经元激活的角度来看，它们代表美学预测的重要区域，但是显著性图主要侧重于显著性目标。事实上，并不是每张美学图片都包含目标或者对象，有些图片是风景或者纹理图片。因此，称其为深度激活图而不是显著性图。另一方面，如图 5-3 所示，AesAM 和 AttAM 的均值分别也代表各类美学等级和美学属性的似然/可能性。

对于给定的图片 $\boldsymbol{I}$，特征图 $\boldsymbol{X} \in R^{M \times S \times S}$ 能够被表示成 $\boldsymbol{X} = \left\{\boldsymbol{X}(m,:,:)\right\}_{m=1,2,\cdots,M}$，其中 $\boldsymbol{X}(m,:,:)$ 代表 $\boldsymbol{X}$ 的每个通道。因为生成 AesAM 和 AttAM 的过程非常相似，此处只需要讨论 AesAM 即可。学习器 f_{hl} 期望学到一个 M×C 的权重矩阵 $\boldsymbol{W} = \left\{w_m^c\right\}_{M \times C}$，其中 w_m^c 代表第 c 类对于第 m 个神经元的参数。对于神经元 m 来说，在训练阶段执行全局平均池化后的输出为 $f_{gap}\left(\boldsymbol{X}(m,:,:)\right) = \Sigma_{(x,y)} \boldsymbol{X}(m,x,y)$。一般来说，关于第 c 类的预测概率 $\hat{\boldsymbol{y}}_{hl}^c$ 应该是所有神经元刺激后的加权求和 $\Sigma_m w_m^c f_{gap}\left(\boldsymbol{X}(m,:,:)\right)$。本质上，$w_m^c$ 代表 $\boldsymbol{X}(m,:,:)$ 在第 c 类上的第 m 个神经元的刺激权重。在测试阶段，我们将 AesAM 表示为 $\left\{A_c(x,y)\right\}_{c=1,2,\cdots,C}$。此外，$\hat{\boldsymbol{y}}_{hl}^c$ 也能表示为 $\Sigma_{(x,y)} A_c(x,y)$。它们之间的具体关系如下：

$$\hat{\boldsymbol{y}}_{hl}^c = \sum_m w_m^c f_{gap}\left(\boldsymbol{X}(m,:,:)\right) = \sum_m w_m^c \sum_{(x,y)} \boldsymbol{X}(m,x,y) = \sum_m \sum_{(x,y)} w_m^c \boldsymbol{X}(m,x,y)$$
$$= \sum_{(x,y)} \sum_m w_m^c \boldsymbol{X}(m,x,y) = \sum_{(x,y)} f_{hl}\left(\boldsymbol{X}(:,x,y)\right) = \sum_{(x,y)} A_c(x,y) = \hat{\boldsymbol{y}}_{hl}^c.$$

$$(5\text{-}12)$$

因此，$A_c(x,y)$ 代表在图像空间位置 (x,y) 上对第 c 类的激活值。公式 5-12 对应到图 5-3 中 f_{hl} 与 f_{gap} 的位置交换，描述了训练过程和测试过程的关系。

直观地说，每一个神经元（就是特征层的每一个通道）$\boldsymbol{X}(m,:,:)$ 被参数权值矩阵 $\boldsymbol{W} = \left\{w_m^c\right\}_{M \times C}$ 所刺激。深度类别激活图 $A_c(x,y) = \sum_m w_m^c \boldsymbol{X}(m,x,y)$ 的每一个元素就是对各神经元的线性加权和，具体如图 5-3 所示。$A_c(x,y)$ 指

出了美学重要区域，对应到美学等级，也即是有美感的位置，或者没有美感的位置。类别激活图包含两个方面的信息：在每个空间位置上的美学等级强度和整张图的美学等级。对于前者，$A_c(x,y)$代表在空间位置上高等级/低等级美学的激活图；对于后者，$\sum_{(x,y)} A_c(x,y)$代表所有空间位置上高等级/低等级美学激活图的平均值。同样地，能够相应地得到属性类别激活图。

5.3.4　图像自动切割的应用

在得到 AesAM 和 AttAM 后，将其应用在图像自动切割中。对于每一个类别激活图，按照文献[80]的方法来得到矩形框。具体操作方式是首先采用一个阈值来对类别激活图进行分割，该阈值的设定为所有空间位置的激活值排序的前 30%，可以得到多个激活图的波峰，波峰的边缘就是这些矩形框的边缘。对于图像自动切割来说，此处给出了两种选择：只使用 AesAM，和同时使用 AesAM 和 AttAM。对于前者来说，首先采用 AesAM 来得到多个不同的框图。对于后者来说，AesAM 和 AttAM 能够被用来得到两组不同的矩形框，然后根据两组不同框的重合率（IOU）来选择那些对两种类型信息都敏感的矩形框，见图 5-7 的最后一列。即使在没有 AttAM 的情况下，仍然能够从 AesAM 得到切割后的结果，只是这种切割很难得到内容上的完整性。

在本节中，我们没有定量地评价切割出来的图片的质量，一方面，图像自动切割的定义比较主观，难以找到合适的标签或者标准答案；另一方面，美学激活图本身就是挑选的那些美学等级比较高的区域，它描述的就是不同图像空间位置上的美学激活值，不同图片的激活值区间不同，难以获得统一的评定值。在将来的工作中，会考虑定义一个定量化的美学自动切割评价机制。

5.4　实验结果及分析

我们在非常有挑战性的数据集 AVA 上进行实验，以验证提出方法的可行性。然后结合不同的实例，分析美学激活图的可视化问题。最后，将美学激活图应用在图像自动切割上。

5.4.1　数据集

AVA 数据集[98]是当前最大也是最主流的数据集，它包含大约 25 万张图片。每一张图片大概由 200 个人进行美学评级，评级范围从 1~10，其中 10 分代表最高分值。为了公平比较，按照文献[69,71]的实验设置，将数据集分成两部分：训练集（23 万张图片）和测试集（2 万张图片）。所有图片都被分成两类：分值在区间[1,5]内的样本标签为 0，分值在区间[5,10]内的样本标签为 1，具体的操作和评价指标与文献[69,71,98,100]一致。

在 AVA 数据集中，除了美学等级评定外，每张图都有不多于两个属性标签，总的属性标签包含 66 类。在本实验中，主要采用这些属性信息来解释美学等级评定模型到底学到了什么，为什么分值高，具备哪些属性信息。在该数据集中，属性的标签并没有做很好的处理，属性类别极其不均衡。有些属性包含的样本数极少，且许多属性信息存在很明显的交叉性，即这 66 个属性间并不是相互独立的。基于这些问题，许多工作在该数据集上只进行了美学评定实验。特别地，文献[71]提出了一个迷你 AVA 数据集（Mini-AVA），对属性进行了重新整理，以更好地进行属性分类。在本实验中，我们也只选取了一部分的属性类别信息（49 个属性），用来解释美学等级评定的结果。

5.4.2　实验设置

在本实验中，执行了三个任务：美学等级分类，美学激活图生成和图像切割。在美学分类中，分别采用 AlexNet[1]和 VGGNet-16[3]，并都使用了在 ImageNet[1,80]上预训练的参数。这些基础模型构成了特征提取编码模型 f_{enc}。在预处理过程中，原始的图片统一被归一化成固定的尺寸 256×256×3，然后在这个固定的尺寸上随机选择四个角落或者正中央的图像块，AlexNet 采用 227×227×3，VggNet 采用 227×227×3。对于 AlexNet，初始的学习率设置为 0.001，每 10000 次迭代下降到学习率的 0.1。对于 VGGNet，初始的学习率设置为 0.0005，每 10000 次迭代下降到学习率的 0.1。两个模型的权重衰减（Weight decay）和动量（Momentum）都分别设置为 0.0005 和 0.9。

在网络模型训练结束后，采用分类器 f_{hl} 和 f_{att} 来和最后一层的卷积层相连，能够得到两个类别激活图：AesAM 和 AttAM。基于类别激活图，采用 f_{gap} 来得到不同的美学等级/美学属性的概率。对于美学评定来说，评价指标是最终的分类识别率。

5.4.3　美学分类

在这一节，我们对每一个模型进行了实验，以测试它们的性能。实验主要分为两点：两个分支的网络联合训练和加权的网络训练。首先训练 f_{hl} 分支，以评判美学等级。这是一个单独的分支，相当于去掉了图 5-3 中的属性预测分支,将其称为 AesCNN。由于 AVA 的属性信息存在着很多噪声，我们希望进一步研究属性信息是否对美学评定预测有利。基于这个原因，设计了两分支的模型，称其为 AesAttCNN。最后，对样本加权的分类模型进行了比较实验，基于加权的单美学评定分支模型和基于加权的双分支模型分别表示为 AesCNN-W 和 AesAttCNN-W。

本节在 AVA 数据集上对比了 4 组实验，具体结果见表 5-1。从表中可以看出，对于两个模型 AlexNet 和 VggNet，基于加权的方法一致好于无加权的方法。这验证了本章提出的基于样本加权方法的有效性。从表中可以看到，两分支模型 AesAttCNN 的效果其实不如单分支模型 AesCNN。尽管属性分支对于美学评定作用不大，我们仍然认为美学与属性有着很大的关系，只是 AVA 数据集对于属性标签信息整理地不好。因为美学评定一定是来自某种社会或自然属性，所以在后面的实验中我们依然使用属性类别激活图来解释美学评定。总的来说，表 5-1 的结果验证了样本加权的作用。

表 5-1 不同模型组合的美学评估结果比较

Model	AesCNN	AesCNN-W	AesAttCNN	AesAttCNN-W
AlexNet/%	76.82	77.39	76.77	77.18
VggNet/%	78.60	78.87	76.89	78.62

5.4.4 样本权值的分析

在这一节，主要分析了不同的样本权值对于美学分类的影响。特别地，将样本加权的策略表示为 $w(a:b)$。首先研究了一个特别的例子[97,100]，将分值在 5 分周围的样本权重设置为 0，也就是直接将这些样本丢掉。丢掉的策略几乎等价于将 $a=0$ 和 $b=1$，也即，$w(0:1)$。但是当 $b/a \to \infty$，也即，$w(0:1)$，模型的识别率就降到了一个低谷点。这说明即使模棱两可的样本不重要，如果直接将其丢弃，会极大地影响模型的性能。我们认为最主要的原因是 5 分周围的样本量占整个数据集的样本量的比重太大。从 $w(1:1)$ 开始，进一步逐渐加大两个值的比例 b/a，很显然，随着比例 b/a 的逐渐增长，可以看到识别率逐渐提高，具体的实验结果见表 5-2。总的来说，本节的结果表明模棱两可的样本不能舍弃，但是也不能给予太多的权重，如图 5-5 所示，这进一步说明了基于样本加权的分类模型的必要性。

表 5-2 不同的权值分配对于美学分类的影响

Model	w(1:1)	w(1:2)	w(1:3)	w(1:4)	w(1:5)	w(1:6)	w(1:7)	w(1:10)	w(0:1)
b/a	1	2	3	4	5	6	7	10	∞
AlexNet /%	76.82	77.00	77.16	77.24	77.26	77.39	77.39	77.28	76.07
VggNet /%	78.60	78.70	78.84	78.84	78.81	78.87	78.84	78.80	77.33

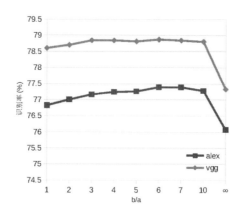

图 5-5　不同权重的分析结果

　　随着比例 b/a 的不断增长，其性能也会同时有所提升，但是当模棱两可的样本的权值趋于 0 时，结果会进入一个低估。这进一步说明了样本加权的作用。

5.4.5　与主流方法的比较

　　在这一部分，进一步将基于加权的方法与当前的主流方法在 AVA 数据集上进行比较。特别地，考虑了如下模型：RDCNN[69]、DMA-Net[95]、MNA-CNN[97]、Reg+Rank+Att+Cont[71]和 Triplet-loss[114]。文献[69]是第一个使用深度模型来进行美学估计的工作，它们达到了 74.46%的识别率。对比手工特征方法的结果 68.00%，它们有了很大的提升。后来文献[95]使用从原图中切割的小尺度的图像块进行模型训练，建立了一个非常浅层的网络，将性能从 74.46%提升到了 75.41%。文献[97]提出了一个基于组合的深度模型，并采用可适应性的空间池化层以接收不同尺度的图像块，识别性能达到了 77.40%。文献[71]使用相对排序的方式学习一个度量空间，并将其嵌入到损失函数中。它们的模型整合了摄影属性和图像内容信息，并针对 AVA 中属性不足的问题，建立了一个小型的 AVA 数据集。它们使用 AlexNet 和 VggNet 分别获得了 75.48%和 77.33%的识别率。文献[100]通过分析美学等级评估与图像内容属性的关系，选择了部分对识别有用的属性，构建了一个多任务的学习模型,在 AlexNet 和 VggNet 上分别达到了 77.35% 和 78.46% 的识别性能。

　　在表 5-3 中,给出了相应的结果比较,可以看出 AesCNN-W 和 AesAttCNN-W 超过了当前绝大多数的模型。特别是,AesCNN-W 在 AlexNet 和 VggNet 两个基础模型上获得了当前最好的识别率,分别为 77.39% 和 78.87%。可以看到,MTRLCNN 通过研究美学等级分类与美学属性间的关系建立多任务的识别模型,也获得了非常相近的结果。但是在我们的结果中,AesAttCNN-W 的效果反而不如 AesCNN-W。这说明,如果本章采用与 MTRLCNN 同样的方法,提出的方法的性能可能还会进一步提升。Reg+Rank+Att 和 Reg+Rank+Att+Cont 组合了分值回归任务、不同等级排序任务、属性分类任务和额外的美学内容分类任务,也获得了较好的效果,它们的优势主要来自于额外的美学内容信息。MNA-CNN-Scene 使用了新颖的可适应性的空间池化层,但是并没有得到比较领先的结果。总的来说,AesCNN-W 即使在只有一个任务的情况下仍取得了当前最好的识别性能。我们认为,如果整合以上的一些额外的信息,最终的识别性能会得到进一步提升。

表 5-3　与主流方法在 AVA 数据集上的结果比较

Model	Year	AVAAccuracy/%
Murrary [98]	2012	68.00
RDCNN [69]	2014	74.46
DMA-Net-ImgFustat [95]	2015	75.41
Reg-Rank+Att(alex) [71]	2016	75.48
Reg-Rank+Att+Cont(alex) [71]	2016	77.33
MNA-CNN-Scene(vgg) [97]	2016	77.40
Triplet-Loss [114]	2016	75.83
MTCNN(alex) [100]	2017	76.15
MTCNN(vgg) [100]	2017	77.73
MTRLCNN(alex) [100]	2017	77.35

Model	Year	AVAAccuracy
MTRLCNN(vgg) [100]	2017	78.46
AesCNN-W(alex)		77.39
AesCNN-W(vgg)		78.87
AesAttCNN-W(alex)		77.18
AesAttCNN-W(vgg)		78.62

5.4.6　深度类别激活图

在测试阶段，调换了 GAP 和分类器的顺序以得到深度类别激活图。给定一个测试图像，我们能得到 AesAM 和 AttAM，如图 5-6 所示。此处，主要分析美学等级激活图 AesAM 的表示，事实上美学属性类别激活图 AttAM 同理。AesAM 包含两个方面的信息：不同空间位置的美学激活值和全局性的美学等级（也就是所有不同空间位置的美学激活值的平均值）。在图 5-6 中，给出了每一张图片的低等级 AesAM 和高等级 AesAM。高等级的 AesAM 指出了图像的高等级美学预测的激活图，低等级的 AesAM 指出了图像的低等级美学预测的激活图。例如，图 5-6 中的人脸，左边和右边分别代表人脸高等级的激活图和人脸低等级的激活图。

图中左边和右边的四列分别表示输入图像、低等级类别激活图（丑）、高等级类别激活图（美）、类别激活图和输入图片叠加在一起。每一张图片都是与其高等级/低等级的类别激活图相对应。在左边，高等级 AesAM 的平均值大于低等级 AesAM 的平均值，所以这些图片的美学等级为高等级；在右边，高等级 AesAM 的平均值小于低等级 AesAM 的平均值，所以这些图片的美学等级为低等级。

在上面的分析中，更多地侧重在 AesAM 在空间位置上的信息。事实上，从公式 5-12 可以看出，对 AesAM 取平均值也包含着重要的信息。在图 5-6 的左边，高等级 AesAM 的平均值大于低等级 AesAM 的平均值，也即是，$\sum_{(x,y)} A_{low}(x,y) < \sum_{(x,y)} A_{high}(x,y)$，于是我们认为该图像的美学等级
为高等级；在图 5-6 的右边，高等级 AesAM 的平均值小于低等级 AesAM
的平均值，也即 $\sum_{(x,y)} A_{low}(x,y) > \sum_{(x,y)} A_{high}(x,y)$，于是我们认为该图像的
美学等级为低等级。以左右两边第五行为例，左边图中人脸周围的高等级
的类别激活图非常强烈，所以整张图的评定结果为高等级；右边的图中是
一个人物，有其美的一面（特别是脸部），但是低等级的类别激活图太过强
烈，使得整张图的评定结果为低等级。

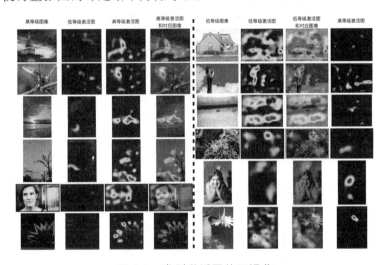

图 5-6　类别激活图的可视化

　　为了进一步解释 AesAM，我们分析了图像的属性信息，给出了等级类
别激活图和属性类别激活图的比较结果。从图 5-7 可以看到，高等级的类
别激活图 AesAM 的强烈区域（第 2 列）在特定属性的类别激活图 AttAM
（第 5 列）中通常也有强烈的反应。在很大程度上，AesAM 和 AttAM 存在
着明显的重合部分，说明美学等级评定是有一定根据的。美学等级标签是
由不同的人进行打分得到的，而人对美的认识来源于生活，也就是 AVA 中
的不同的属性信息。这就是说人对美的认识是有一定依据的，至少夹杂着
社会或自然属性的因素。总的来说，等级类别激活图 AesAM 能够较好地
解释深度美学模型到底学到了什么，是如何进行评定的。此外，如图 5-7 所

示，通过分析等级类别激活图 AesAM 和属性类别激活图 AttAM，我们发现其实人的美学评定是有一定的解释性的，至少和图像的属性信息有很大的关联。

图 5-7 深度类别激活图和其在图像自动切割上的应用

在本章，美学的定义主要来自 AVA 数据集的标签，也就是高或者低。从心理学的角度来看，人类感知美学是一种特殊的定义，不同的人对于美学往往会有不同的见解。人类的美学视觉认知也许会与本章的美学理解存在着一些细微的偏差。然而本章提出的美学激活图是来自于人类的标签，它的可视化完全取决于人类赋予的标签。这就是说，我们可以通过人类标签的完善来进一步地缩减视觉美学与人类美学感知的鸿沟。

5.4.7　图像自动切割的应用结果

基于类别激活图 AesAM 和 AttAM，能通过文献[80]的方法得到一些矩形框。首先，采用一个阈值将类别激活图 AesAM 和 AttAM 进行分割，阈值设定为激活图中所有值的前 30%。通过切割，能得到许多的矩形框，代表那些激活强烈的区域。在得到矩形框后，我们给出了两种不同的方案进行图像自动切割。一方面，只采用 AesAM 得到的矩形框，见图 5-7 的第 4 列；另一方面，我们组合了 AesAM 和 AttAM 得到的矩形框，见图 5-7 的最后一列。在处理这些矩形框时，如果相交的矩形框的相交比（IOU）大于 0.3，则将这两个矩形框进行合并。在合并的过程中，选择两个矩形框对应顶点的中间点作为新的矩形框的顶点。

在 AVA 中，66 个属性间有着复杂的关系，它们之间并不是独立的。另外属性信息的范围很广，往往来自生活或者自然的方方面面，比如科技、宏观、情感、抽象、历史、幽默、政治等。每一张图像有可能属于其中的多个属性。在本节中，我们并没有使用 66 个属性，而是只选择了 49 个能可视化的属性。对于这 49 个属性，考虑预测结果的前 3 名，如果预测正确，则将 AttAM 与 AesAM 相结合。否则，就只单独使用 AesAM。

具体的切割结果见图 5-7，从第一列到第 8 列分别代表：输入图像、高等级的类别激活图 AesAM、AesAM 及其矩形框、输入图像及其等级矩形框、属性类别激活图 AttAM、AttAM 及其属性矩形框、输入图像及其属性矩形框、输入图像和整合 AttAM 与 AesAM 的矩形框。通过这些例图，我们的自动切割功能基本能较好地将图像中的美学区域切割出来，且能结合属性信息进行切割。

5.5　本章小结

本章提出了一种基于样本权重的分类模型，能同时执行分类任务和深度类别激活图。对于前者，提出的分类模型取得了当前最好的识别性能，验证了方法的鲁棒性。对于后者，深度类别激活图能够解释分类模型到底学到了什么，并能指出图像在空间位置上的美学强度，另外美学激活图在空间位置上的平均值代表着美学评定。我们发现，美学等级类别激活图与美学属性类别激活图之间存在着一定的联系，通过此关系建立起人的视觉美学与模型的美学评估之间的桥梁。最后，基于深度类别激活图给出了一个应用：图像自动切割。总的来说，提出的模型不仅能得到美学评估结果，也能更深入地理解图像美学。

第6章

紧致的有序性年龄估计模型

本章针对年龄估计问题进行应用研究,以设计一个实用性强且性能优异的年龄估计模型。年龄估计是计算机视觉中一个经典的有序性学习问题。大量的研究比如 AlexNet、VggNet、GoogLeNet、ResNet、ResNeXt、SENet 等都侧重于在不同的数据集上提升性能,使得提出模型往往层数很深、参数量很多、计算量很大。然而,这些模型在实际应用中需要的存储和计算量太大,特别是对于一些嵌入式或者移动设备,难以满足实际需求。最近,MobileNets V1-V2 系列和 ShuffleNets V1-V2 系列相继被提出,用于减少模型的参数量、计算量和存储量,被称为轻量级的模型。但是这些系列工作对模型的性能有一些影响,往往只能在特定的数据上获得较好的效果,性能不够稳定。这主要是因为使用了可分离性卷积(Depth-wise separable convolution),打断了卷积操作中不同通道间的关联性,最终影响模型特征提取的能力。

本章针对小尺度图片和年龄估计问题研究了紧致性模型的设计工作。当给定一个数据集,如何设计一个实用的模型,要求性能好、参数量和计算量少,刚好能适合该数据集,既不浪费参数也能获得较好的预测性能(既不过拟合也不欠拟合)。本章提出了一个紧致、高效、级联、基于周围环境的年龄估计模型(Compact yet efficient Cascade Context-based Age Estimation model,C3AE)。对比 MobileNets/ShuffleNets 和 VggNet 系列工作，该模型分布仅需要 1/9 和 1/2000 的参数量，但是能获得极其有竞争力的效果。特别地，我们将年龄估计问题进行了重新建模，提出了两点表示方法。通过该方法，能得到一个只含两个非零元素的一维向量，并采用级联（Cascade）的方式将其嵌入到年龄估计网络中。另外，为了充分利用人脸周围环境信息，提出了多支 CNN 网络，以更好地聚合多尺度的环境信息。在实验中，我们主要在三个不同的数据集 WIKI-IMDB、MORPHII、FG-Net 进行了测试，提出的方法获得了非常有竞争力的结果。

6.1 普通卷积和两点表示的必要性

6.1.1 普通卷积和可分离性卷积

自 2012 年 Geoffrey Hinton 团队提出 AlexNet 后，深度学习因其强大的表征学习能力，迅速变得异常火热。近几年来，AlexNet[1]、VggNet[3]、GoogLeNet[41]、ResNet[4]、ResNeXt[66]、SENet[6]等相继被提出，表现出了很好的识别性能。该领域逐渐出现了一种趋势，模型越来越深，存储需求越来越大。这种趋势很大程度上限制了深度学习在实际场景中的应用。一般来说,实际场景能够承受的参数需求量、计算量和存储量都是极其有限的，特别是对于一些车载设备、移动端设备、嵌入式设备或特制芯片来说。总的来说，之前的大量工作都是在不断提高模型的表征能力。

| 原始图像有较高的
分辨率/尺度
200×240×3 | 切割图像有较低的
分辨率/尺度
64×64×3 | 切割图像有中等的
分辨率/尺度
64×64×3 | 切割图像有较高的
分辨率/尺度
64×64×3 |

图 6-1　不同分辨率的示意图

人们从上面四张图像中都能识别这个对象的年龄，尽管采用了不同的分辨率和尺度。这就是说，在实际设计模型的过程中，完全没有必要采用第一张图来训练模型。在年龄估计的工作中，我们采用小尺度的图片($64 \times 64 \times 3$)来设计一个紧致性的模型(0.25MB)。与其他紧致性模型相比，该模型在 MorphII[115])数据集上能够获得最好的性能，也即是，2.75MAE。

为了处理以上问题，从 2018 年开始，MobileNets[7,8] 和 ShuffleNets[9,10] 系列工作相继被提出，采用了可分离性卷积来替代普通卷积，以极大地减少参数量。在这些模型中，普通卷积通常被分离成两步：逐通道卷积操作和不同通道间的组合操作（逐点卷积）。比如在 MobileNets 系列工作中，对应分离操作首先对相应的特征通道进行卷积（加图），而不是对所有的特征通道进行卷积然后相加。这种操作能极大地减少参数量和计算量。接下来，1×1 的卷积将不同通道特征进行信息整合，其实就是一种加权的信息融合。对于大尺度的图像来说，这种操作是非常合理的，因为大尺度图像通常由较大通道数的特征图来表示，比如 VggNet[3] 和 ResNet[4] 中通常有 384 和 512 个通道（Channel）。但是对于小尺度图像来说，图像的表征并不需要太大的通道数。

不同于大尺度图像，小尺度或者中等尺度图像能够用更小的通道数来表征，相应地，只需要更少的参数量和存储量。因此，当普通卷积层的滤波器尺度（Kernel size）不大时，根本不会出现超大规模的参数量和存储量，只需要较好地控制通道数量就可以了。相比可分离卷积来说，通道数量的需求限制了其在小尺度图像识别上的应用 MobileNets[7,8] 和 ShuffleNets[9,10]。从图像表征的观点来看，可分离卷积的输出通道数往往多倍于普通卷积的通道数。为了增强可分离卷积操作的表达能力，其通道数只能设计得比较大。因此，对于小尺度图像来说，我们认为普通卷积比可分离性卷积要更合适一些。

在实际的图像识别应用中，尤其是一些低端设备或嵌入式设备上，并没有必要储存原图或者是大尺度的图像。本章中我们考虑一个典型的应用：基于小尺度图像的年龄估计。

6.1.2 两点表示的出发点

关于年龄估计的研究，可以划分成两个主要方向：一是将类别信息和数值有序性信息进行融合，二是通过 Kullback-Leibler 散度（Kullback-Leibler divergence）判断两个不同分布的匹配程度。对于前者来说，心理学的研究[38]表明人类更倾向于对有序性问题进行类别（有序性类别）判定，而不擅长准确数值的回归。许多工作[116,117]采用类别信息和有序性信息来同时执行分类和回归。对于后者来说，将数值用一个分布来表示，并采用 Kullback-Leibler 散度进行匹配，能获得非常好的性能。但是，该方法有一个重要的前提，需要得到一个分布性的标签。常规的解决办法是采用大量的人工标注，并采用众包模式来获得分布信息，需要大量的人力物力。并且这种方法只适用于表面的年龄估计（Apparent age estimation）。对于真实的年龄估计（Real age estimation），就没办法获得所谓的年龄分布。基于分布学习的方法就不能应用在该问题上。

在本章，通过研究有序性问题中的类别信息(Category information)、有序性信息(Ordinal information)和分布信息(Distributional information)，提出了适用于年龄估计的两点表示方法（Two-points representation）。除了使用年龄的准确值信息外，还将该值表示成一个分布，其中只有两个相邻元素是非零的。另外一个非常重要的问题是，如何将分布信息嵌入到深度回归的模型中。我们提出了一个将该分布插入到最后两个全连接层的中间，采用级联（Cascade）的方式进行训练分布损失函数和回归损失函数。

总的来说，我们设计了一个以小尺度图像为输入的紧致性模型。特别地，我们提出采用标准卷积，而不是可分离性卷积，来进行小尺度图像的识别。据我们所知，这是当前做年龄估计问题最小的模型，模型存储量仅 0.19 MB。为了进一步提高映射的准确性，提出了两点表示方法，并采用级联的方式进行训练。此外，还介绍了基于上下文的以多尺度为输入的回归模型。我们将网络模型命名为 C3AE。

本章的主要贡献如下：

（1）这是首次研究通道数与可分离卷积表示之间关系的工作，尤其是针对小尺度图像上。本章的讨论和结果提倡再思考（Rethinking）Mobilenet 和 Shufflenet 系列及其在小尺度图像上的应用。

（2）提出了一种利用分类、回归和分布信息的年龄表示方法（Two-points representation），并设计了一个级联模型来对网络进行训练。

（3）提出了一种基于上下文信息的以多尺度图像为输入的年龄估计方法，该模型被命名为 C3AE。与其他紧致性模型相比，其性能达到了当前最好的水平，甚至超过了许多大模型的识别性能。C3AE 的模型非常紧凑（素模型仅为 0.19 MB，整体模型为 0.25 MB），可以部署在任何应用场景，尤其是低端设备和嵌入式平台上。

6.2　年龄估计和紧致性模型的相关工作

6.2.1　年龄估计

人脸的年龄进程是不可控的、非常个性化的[29]，深度学习之前的传统的方法经常会存在泛化能力不足的问题。随着深度学习的快速发展，近期的许多工作都将深度 CNN 应用于图像分类[1,3-5,41,43,44]、语义分割[118,119]、目标检测[52,60,68]等各种应用中，取得了最好的识别性能。在年龄估计中，CNNs 也因其较强的泛化能力而成为主要的研究方法。Yi 等人[40]首次利用 CNN 模型从多个面部区域提取特征，利用平方损失进行年龄估计。AgeNet[12]采用一维实值作为年龄分组的标准，进而进行年龄分类。Rothe 等人[120]提出利用 softmax 概率和离散年龄值求期望值，从而进行年龄估计。它是一种加权的 softmax 分类器，只实施在测试阶段。Niu 等人[14]利用多个 CNNs 输出将年龄估计作为序数回归问题。之后在 Niu 等人[14]工作的基础上，Chen 等人[121]利用排序 CNN（Rank-CNN）进行年龄估计，设计一系列 CNN 的二元判定，然后汇总得到最终的估计结果。Han 等人[122]使用多个属性进行多任务学习。Gao 等人[13]使用 KL 散度来测量年龄估计分布与标签分布之间的相似性。Pan 等人[123]为分布学习设计了一种新的均值-方差损失模型，分布标签需要大量的标注工作。

　　然而，在实际应用中，分布通常是很难获得的，要耗费大量的人力物力，尤其对于人脸图像来说。在本章中同时考虑两个目标函数：分布匹配损失和年龄均方误差损失。前者最小化分布之间的 KL 损失，后者主要优化离散年龄标签与预测值间的均方误差。在训练过程中，这两个目标采用级联的方式，整个训练过程没有任何预训练操作。最后我们进一步采用了基于上下文的回归方法，该方法使用多次裁剪的策略来提高预测精度。

6.2.2　紧致性模型

　　随着移动端或嵌入式设备对深度学习的需求不断增加，GoogLeNet[41]、SqueezeNet[124]、ResNet[4]和 SENet[6]相继被提出，以满足这一需求。最近，MobileNets[7,8]和 ShuffleNets[9,10]系列工作采用可分离性卷积来降低计算成本和模型需求，逐渐变成小模型和移动端的主流。事实上，可分离性卷积最初是在[125]中被提出，随后应用在 Inceptions 系列模型中[43,44]，以减少模型的参数和计算量。特别地，分离滤波器-各通道分别应用卷积-不同通道再次组合的三步走的操作模式极大地减少了参数和计算量，但也带来了性能上的降低和不稳定。

　　基于深度可分离卷积的 MobileNet-V1[7]探索了高效模型的一些重要设计准则。ShuffleNet-V1[9]采用新颖的群卷积和通道打乱方法，在保持精度的同时进一步降低了计算成本。MobileNet-V2[8]提出了一种新的反向残差模块，并采用线性瓶口模式。ShuffleNet-V2[10]主要分析了不同模型的运行效率（时间），给出了高效网络设计的四个指导原则。对于年龄估计问题来说，我们认为对于中小尺度的图像，通道大小通常较小，可分离性卷积并不适用。相反，标准的卷积足以在准确性和紧凑性之间进行较好权衡。

6.3　C3AE 模型

在本节中，首先介绍了紧致性模型及其网络结构；其次描述了一种新颖的年龄估计两点表示方法，并利用级联（Cascade）方式将其嵌入到深度回归模型中；再次，通过在三个不同粒度（分辨率）上利用人脸信息，将基于上下文的模块嵌入到单个共享的回归模型中；最后，针对实际中模型设计的问题，提出了关于实际模型设计的指导原则的讨论。

6.3.1　基于年龄估计的紧致性模型：再思考普通卷积

本部分设计的基础模型（Plain model）由 5 个标准卷积和两个全连接层组成，如表 6-1①②③所示。对于批处理归一化后的标准卷积层，ReLU 层和平均池化层（Average pooling），其卷积核（Kernel）、通道数（Channel number）和参数量（Parameters）分别为 3、32 和 9248。作为基础模型，我们对普通卷积模块和另外两个卷积模块（MobileNets 和 ShuffleNet）进行了比较，如图 6-2 所示。具体的比较结果将在后面的实验中展示，我们设计的基础模型与流行的模型相比，比如，MobileNet-V2[8]和 ShuffleNet-V2[10]，具有较强的竞争力。

表 6-1　紧致性基础模型的结构

网络层	卷积核大小	步长	输出尺度	参数	MACC
输入	-	1	64×64×3	-	-
卷积 1	3×3×32	1	62×62×32	896	3321216
BRA	-	1	31×31×32	128	-
卷积 2	3×3×32	1	29×29×32	9248	7750656

---

① （-）在本章中均表示该值不可获得或者是对于比较来说无用的。

② （BRA）代表批量归一化（Batch normalization，BN）、ReLU 和平均池化（Average pooling）。

③ （MACC）此处仅统计卷积层的乘加运算量。

续表

网络层	卷积核大小	步长	输出尺度	参数	MACC
BRA	-	1	14×14×32	128	-
卷积 3	3×3×32	1	12×12×32	9248	1327104
BRA	-	1	6×6×32	128	-
卷积 4	3×3×32	1	4×4×32	9248	147456
BN+ReLu	-	1	4×4×32	128	-
卷积 5	1×1×32	1	4×4×32	1056	16384
特征层	1×1×12	1	12	6156	-
预测层	1×1×1	1	1	13	-
Total	-	-	-	36377	-

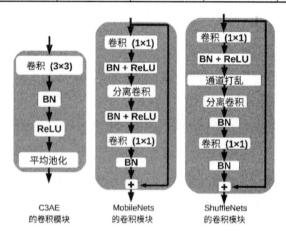

图 6-2　C3AE、MobileNet-V2 和 ShuffleNet-V2 的基础卷积模型在结构上的
比较

在 MobileNet 的工作中，分析了模型的参数量和计算量，特别是对标准卷积和可分离卷积做了详细的比较。事实上，可分离卷积通常适用于大尺度图像，对小尺度和中等尺度图像往往并不能达到较好的效果。

为了描述普通卷积和可分离性卷积的区别，假设尺度为 $D_F \times D_F \times M$ 的

特征图 F 作为输入，形如 $D_F \times D_F \times N$ 的特征图 G 作为输出，其中 M 和 N 分别代表输入和输出的通道数。此处卷积操作将输入和输出的通道数设成一样的。可分离性卷积的计算量可以表示成 $D_K^2 \cdot M \cdot D_F^2 + M \cdot N \cdot D_F^2$ [7]。作为对比，标准的卷积层在形如 $D_K^2 \times \hat{M} \times \hat{N}$ 卷积核 K 的作用下，其计算量为 $D_K^2 \cdot \hat{M} \cdot \hat{N} \cdot D_F^2$。则普通卷积和可分离性卷积的计算量[7]比率应该为

$$\frac{D_K^2 \cdot M \cdot D_F^2 + M \cdot N \cdot D_F^2}{D_K^2 \cdot \hat{M} \cdot \hat{N} \cdot D_F^2} = \frac{M}{\hat{M}\hat{N}} + \frac{MN}{\hat{M}\hat{N}D_K^2} \qquad （6-1）$$

对于公式（6-1）来说，要想其比率小于 1，即可分离卷积比标准卷积需要的计算量更少，$\frac{1}{N} + \frac{1}{D_K^2} < 1$，分子和分母中的 M 和 N 必须相等才行。事实上，MobileNet 对计算量的分析基于一个重要的前提：分子和分母中的 M 和 N 都是一样的，也即是 $M = \hat{M}$ 和 $N = \hat{N}$，见公式 7-2。在 MobileNet 中，普通卷积和可分离性卷积的计算量比率为

$$\frac{D_K^2 \cdot M \cdot D_F^2 + M \cdot N \cdot D_F^2}{D_K^2 \cdot M \cdot N \cdot D_F^2} = \frac{M}{MN} + \frac{MN}{MND_K^2}. \qquad （6-2）$$

然而，为了图像表征的准确性，可分离性卷积通常需要更大的通道数，才能达到普通卷积的效果。因此，在实际网络的设计中，式 6-1 中 M 和 N 是远小于 $\hat{M}$ 和 $\hat{N}$ 的。例如，当给定某图像 I，普通卷积的模型中某一层的通道数为 32 就能很好地表征该图像，而可分离性卷积模型对应层的通道数可能为 144 或者更大，才能具有相同的特征表达能力。根据这个例子，可以看到两者计算量的压缩比率为

$$\frac{M}{\hat{M} \cdot \hat{N}} + \frac{MN}{D_K^2 \cdot \hat{M} \cdot \hat{N}} = \frac{144}{32 \cdot 32} + \frac{144 \cdot 144}{3^2 \cdot 32 \cdot 32} = 2.39 > 1 \qquad （6-3）$$

显然在该例子中，相比可分离性卷积的模型，普通卷积的模型节约了超过一半的计算量。因此，对于小尺度或者中等尺度的图像或者模型来说，

选择应用普通标准卷积更合适一些。

6.3.2　年龄的两点表示方法

在本部分，提出了一种新颖的年龄表示方法。该方法将年龄定义成一个分布，分布中只有两个相邻的元素是非零的。给定一个数据集 $\{(\boldsymbol{I}_n, y_n)\}_{n=1,2,\cdots,\mathrm{N}}$，深度回归模型可以形式化为一个映射 $\mathcal{F}:\mathcal{I}\to\mathcal{Y}$，其中 $\boldsymbol{I}_n$ 和 y_n 分别表示图像和回归标签。任何的回归标签 y_n 都能够表示成另外两个数的凸组合，即 z_n^1 和 z_n^2 $\left(z_n^1 \neq z_n^2\right)$，

$$y_n = \lambda_1 z_n^1 + \lambda_2 z_n^2, \tag{6-4}$$

其中，λ_1 和 λ_2 表示权重值，$\lambda_1, \lambda_2 \in \boldsymbol{R}^+$，$\lambda_1 + \lambda_2 = 1$。

给定一个数据集，其年龄区间为 $[a,b]$，标签 $y_n \in [a,b]$，刻度点集（Bins）$\{z^m\}$ 间统一的间隔为 K，y_n 能够表示成 $z_n^1 = \left\lfloor \dfrac{y_n}{K} \right\rfloor \cdot K$ 和 $z_n^2 = \left\lceil \dfrac{y_n}{K} \right\rceil \cdot K$，其中 $\lfloor \cdot \rfloor$ 和 $\lceil \cdot \rceil$ 分布代表向下取整函数（Floor function）和向上取整函数（Ceiling function）。相应地，两个系数 λ_1 和 λ_2 能够通过如下方式进行计算，

$$\begin{aligned}
\lambda_1 &= 1 - \frac{y_n - z_n^1}{K} = 1 - \frac{y_n \left\lfloor \dfrac{y_n}{K} \right\rfloor \cdot K}{K} \\
\lambda_2 &= 1 - \frac{z_n^2 - y_n}{K} = 1 - \frac{\left\lceil \dfrac{y_n}{K} \right\rceil \cdot K - y_n}{K}.
\end{aligned} \tag{6-5}$$

事实上，λ_1 和 λ_2 的关系是 $\lambda_2 = 1 - \lambda_1$。如图 6-3 所示，当刻度间距（Bin）为 10 时，68 和 74 对应的表示如图 6-3 中第二行所示；当刻度间距为 20 时，68 和 74 对应的表示如图 6-3 中第三行所示。如果刻度间距 K=10，其刻度集为 {10,20,30,40,50,60,70,80}。如果 y_n 为 68 时，其对应的分布表

示为 $\boldsymbol{y}_n = [0,0,0,0,0,0.2,0.8,0]$。如果 $\boldsymbol{y}_n$ 为 74 时，其对应的分布表示为 $\boldsymbol{y}_n = [0,0,0,0,0,0.6,0.4,0]$。

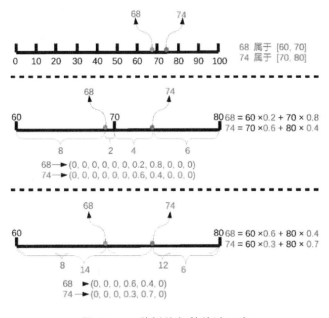

图 6-3　一种新的年龄估计示意

　　图中两点表示：数轴上任何一点都能由任何相邻的两个刻度点（bin）表示，而不是由数轴上任何其他两个/多个刻度点表示。

　　这种表示方式能够较好地将年龄值转化为年龄分布，不需要另外进行数据标注，也没有任何代价。显然，通过两点表示得到的分布是稀疏的。事实上，该分布包含了分类的信息、回归的信息、分布的信息，分类是指分布由多少个刻度点表示，回归代表分布的非零元素值。所以该分布合理地嵌入了类别、准确值的信息，在某种程度上，将第二章中提出的 DTCNN 和 Risk-CNN 又往前推进了一步。

　　事实上，λ_1 和 λ_2 分别表示样本属于两个不同刻度的概率，包含了丰富的分布信息。最近几年，年龄估计的研究趋势主要包括同时进行分类与回归任务、基于分布匹配的学习两个方面。对于前者，从图 6-3 可以看出，68 更有可能属于刻度点 70 而不是刻度点 60。但是通常在使用类别

（Category）信息时会将 68 直接指派给 60 或 70 的刻度。而两点表示可以很自然地消除这个容易带来歧义的问题。对于后者，一些方法[13,72,123]使用分布匹配学习来获得更好的结果。然而，它们需要广泛的众包（Crowdsourcing）标签来获得分布信息，代价是非常昂贵的。

更重要的是，两点表示实际上有用的信息只包含两个相邻刻度及其位置，其他的元素都被分配为 0。事实上，如图 6-3 所示，线段上的任何一点可以由其他的两点或多点线性表示，并且组合方式非常多样，往往这些点不是相邻的。然后，我们希望的理想组合方式应该是由与该点最近的相邻两个刻度点的组合表示。对于年龄估计问题，大量的表示方式，比如 $50=0.5\times0+0.5\times100=0.2\times10+0.2\times40+0.2\times60+0.2\times90$，一般是没有用的。这就是说对于深度回归模型来说，有必要消除这些不理想的表示方式。

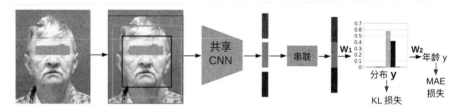

图 6-4　紧致性年龄估计模型的总体结构

6.3.3　级联的训练

由上节的分析可知，年龄值 y_n 可以用分布向量 $\mathbf{y}_n$ 来表示，然而 $\mathbf{y}_n$ 的组合是非常多样化的。采用两点表示法能对其多样化问题进行合理控制。那接下来的问题是，如何将该向量信息嵌入到端到端的网络模型中。我们可以通过图 6-4 所示的级联模型来实现这一功能，在特征层 $\mathbf{y}_n$ 和回归层 y_n 之间插入一个具有语义分布的全连接层。从模型设计的角度来看，特征层 $\mathbf{X}$ 到年龄值 y 的映射可以分解成两步：f_1 和 f_2，也即是，$f=f_2\circ f_1$。事实上，模型的整个过程可以表示为 $f:I_n\xrightarrow{Conv}\mathbf{X}\xrightarrow{W_1}\mathbf{y_n}\xrightarrow{W_2}y_n$。对比常用的回归模型 $f:I_n\xrightarrow{Conv}X$，$\xrightarrow{W}y_n$ 仅插入了一个全连接层 W_1。

为了将两点表示方法嵌入到网络中，提出了采用级联的端到端的训练方式。训练两个级联的任务，我们相应定义了两个损失函数。第一个损失函数衡量年龄标签分布和年龄预测分布之间的差异，并采用 KL-散度（KL-Divergence）作为测量方式：

$$
\begin{aligned}
L_{kl}\left(\boldsymbol{y}_n, \hat{\boldsymbol{y}}_n\right) &= \sum_n D_{KL}\left(\boldsymbol{y}_n \middle| \hat{\boldsymbol{y}}_n\right) + \lambda \left\|\boldsymbol{W}_1\right\|_1 \\
&= \sum_n \overline{\sum_k} \boldsymbol{y}_n^k \log \frac{\boldsymbol{y}_n^k}{\hat{\boldsymbol{y}}_n^k} + \lambda \left\|\boldsymbol{W}_1\right\|_1,
\end{aligned}
\tag{6-6}
$$

其中，$\boldsymbol{W}_1$ 就是从连接特征 X 到分布 $\boldsymbol{y}_n$ 的映射 f_1 的权值。λ 主要用来控制分布 $\hat{\boldsymbol{y}}_n$ 的稀疏性。第二个损失函数控制最终的年龄预测值，采用平均绝对误差损失函数，

$$
L_{reg}\left(y_n, \hat{y}_n\right) = \sum_n \left\|y_n - \hat{y}_n\right\|_1^1.
\tag{6-7}
$$

在训练过程中，两个损失函数以级联的方式进行。然而两个任务之间其实也是联合起来在进行训练，所以总的损失函数为

$$
L_{total} = \alpha L_{kl} + L_{reg},
\tag{6-8}
$$

其中，α 是平衡两个损失函数的超参数。这种级联的训练方式能合理地控制多样化的组合分布 $\hat{\boldsymbol{y}}_n$。

6.3.4　基于周围环境信息的回归模型

小尺度和中等尺度图像的分辨率和尺寸都是有限的，挖掘不同粒度/尺度的面部信息很有必要。高分辨率的人脸图像包含丰富的局部信息，而低分辨率图像可能包含丰富的全局和场景信息，两者间相互补充完善。不同于 SSR[126]中选择一个对齐的人脸中心，我们裁剪出了三个尺度/分辨率的人脸中心，然后将其输入到共享的 CNN 网络中，也就是上节提出的基础模

型。最后通过拼接的方式对三个不同分辨率的人脸图像特征进行融合，以获得基于周围环境的人脸信息。

6.3.5 讨 论

在这一节中，针对小尺度/中等尺度图像和模型，我们总结了在实际模型设计中两个重要的指导意见，如图 6-5 所示。在后续的实验中，将进一步验证我们的观点。

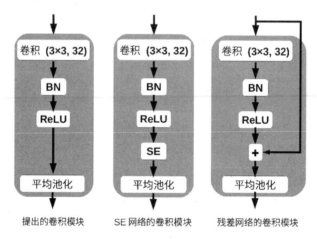

图 6-5 三个不同的卷积模块：是否包含 SE 模块和残差模块

1. 残差模块的必要性

对于小尺度/中等尺度图像和模型，是否一定需要残差模块呢?至少就年龄估计问题而言，在三个比较大的数据集上（近 50 万张图像），情况并非如此。目前残差网络几乎成为了深度学习模型设计中的标配，它是否是必要的呢？文献[4]中提出的残差模块主要是用来解决梯度消失的问题，特别是在非常深的网络中。也就是说，只有在足够多的层数的网络中残差模块才能充分发挥其功能。小型模型通常只包括浅层，没有必要添加残差模块。根据我们的实验结果，对于小尺度图像和小模型来说，普通的卷积连接就足够了。该讨论提醒我们重新思考在深度学习中一些似乎"肯定"的思路，尤其是在小尺寸的图像和模型上。

2. 压缩激活 SE 模块的必要性

压缩激活（Squeeze-and-excitation，SE）模块在大尺度图像中得到了大量验证[8,10]。而对于小尺寸的图像和模型，它也表现地很好，关键是它只需要很少的参数。例如，当挤压因子（Squeeze factor）为 2 时，表 6-1 中的第一个卷积层，每个 SE 模块的参数为 32×16×2=1024。对于模型设计来说，参数代价并不大。所以在深度模型设计时，SE 模块是非常有必要的。

6.4　实验结果及分析

本节实验主要由三部分组成。第一部分是对比性实验 1，比较 SSR、MobileNet-V2、ShuffleNet-V2 和 C3AE 的基础模型的表征能力。第二部分是对级联模块和基于上下文模块的必要性进行对比性实验 2。第三部分主要在两个不同的数据集上与当前最好的性能进行比较。

6.4.1　数据集

针对年龄估计问题，我们在三个数据集 IMDB-WIKI[120]、Morph II[115]和 FG-NET[29]上进行了研究。基于工作 SSR[126]、DEX[120]和 Hot[120]的细节和设置，我们也采用了同样的操作，数据集 WIKI-IMDB 主要用来做预训练和对比实验。因为 Morph II 是目前应用最广泛的年龄估计数据库，本章选择它进行对比性实验。在数据集 Morph II 和 FG-NET 上，我们给出了与当前最好性能的比较。

1. IMDB-WIKI

这是当前最大的人脸年龄估计的数据集，首次在文献[120]中发布，共包含 523051 张人脸图像，年龄（标签）范围从 0 到 100。整个数据集分为两部分：IMDB（460723 张图片）和 WIKI（62328 张图片）。但是由于它含有较多噪声，不适合对年龄估计进行性能评价。因此，在之前的工作如 SSR[38] 和 DEX[29] 的基础上，我们在对比性实验 1 中使用 IMDB-WIKI，并将其作为预训练数据集。

2. Morph II

这是年龄估计应用中最广泛应用的数据集，它包含大约 55000 张带有年龄标签的人脸图像，共有 13000 名对象。年龄分布从 16~77 岁不等（大约平均每人 4 张）。与之前的一些工作[14,73]类似，我们将数据集随机划分为两个独立的部分：训练集（80%）和测试集（20%）。

3. FG-NET

其包含了 1002 张来自 82 位非名人对象的人脸图像，这些图像在光线、姿势和表情上有着很大的变化。年龄范围从 0~69 岁（平均每名对象 12 张照片）[29]。由于 FG-NET 的样本量较小，以往的一些方法通常采用留一法（Leave-one-out，一种交叉验证方法）的设置方式。但是在深度学习中，这就需要训练 82 个深度模型，且测试集只有约 12 个样本。为此，我们采用了不一样的设置方式，从 1002 张图片中随机选取 30 个样本作为测试集，其余的样本作为训练集。我们重复这种设置，进行 10 次，最后计算它们的平均性能。事实上，我们的划分方式比之前工作的划分方式在任务难度上更大。

6.4.2　实现细节

采用与 SSR[126] 和 DEX[120] 相同的预处理和设置方式，首先在 IMDB 和 WIKI 数据集上对模型进行预处理，其中所有的图片都进行了对齐，并将图片设置成 64×64×3。在本章所有的实验中，都使用了 Adam 的优化方式（Optimizer）。在对比性实验 1 中，将 C3AE 的基础模型与其他方法的基础模型进行对比，每个模型都训练 160 个周期（Epoch），批次大小（Batch size）

设置为 50。与 SSR 相似，初始学习率、丢弃率（Dropout rate）、动量
（Momentum）和权值衰减值（Weight decay）分别设置为 0.002、0.2、0.9 和
0.0001。在学习率的设置上，给定初始学习率，在 10 个周期内变化值一直
低于 0.0001 时，学习率衰减一次。在第二个对比性实验和与性能最好的方
法（The-state-of-the-art）比较中，每个模型都训练 600 个周期，批次大小
为 50。另外，我们使用了文献[127]的策略，在输入的图像上随机丢弃图像
块。在这一阶段，初始学习率、丢弃率、动量和权值衰减值分别设置为 0.005、
0.3、0.9 和 0.0001。在初始学习率的设置上，给定初始学习率，在 20 个周
期内变化值一直低于 0.0005 时，学习率衰减一次。按照工作 SSR[126]，使
用平均绝对值误差（MAE）作为评价因子。在与性能最好的方法的比较实
验中，公式 6-8 中的参数 α 统一设置为 10。对于级联模型来说，公式 6-5
中的 K 设置为 10。

6.4.3　对比性实验

对比性实验分为两部分。一部分将 C3AE 的基础模型与 SSR、
MobileNet-V2 和 ShuffleNet-V2 的基础模型进行比较，结果表明标准卷积
能产生极具竞争力的性能，基本上优于现在常用的紧致性模型，如
MobileNet-V2 和 ShuffleNet-V2。此外，进一步验证了残差模块和压缩激活
（SE）模块是否对小网络有利。另一部分对级联模块（即两点表示方法）和
基于周围环境的模块的必要性进行验证。

1. 对比性实验 1：C3AE 的基础模型

对比性实验 1 包括三组实验对比:C3AE、SSR、MobileNet-V2 与
ShuffleNet-V2 的基础模型的比较；有无残差模块的结果的比较；有无 SE
模块的结果比较。这部分的实验主要用来说明提出的基础模型具有较强的
表征能力。

在表 6-2 中，给出了三种方法：SSR、MobileNet-V2 和 ShuffleNet-V2，

分别在三个数据集 Morph II(M-MAE)、IMDB(I-MAE)和 WIKI(W-MAE)上的结果。为了公平比较,对于 MobileNet-V2 和 ShuffleNet-V2,我们执行了非常广泛的组合。在表 6-2 中,对 MobileNet-V2(M-V2)[①]来说,($\alpha_{pw}, \alpha_{\exp}$)代表逐点滤波的数量和扩展层的扩展因子。对 ShuffleNet-V2(S-V2)[②]来说,(α_{ra} 和 α_{fa})分别代表瓶口模块(Bottleneck module)的输出通道数和每一个阶段的尺度因子。通过比较,可以从表 6-2[③]看出,C3AE 的基础模型尽管使用了最少的参数量,但是仍然能够取得最好的性能。

为了验证我们的观点:对于小尺度图片和模型,标准卷积能够比可分离卷积获得更好的性能,本部分给出了训练和测试过程的比较结果。此外,也给出了与采用标准卷积的 SSR 的比较。与 MobileNet-V2、ShuffleNet-V2、SSR 相比的训练/测试的损失曲线分别如图 6-7、图 6-8、图 6-6 所示。在实验中,SSR 使用的是完整模型,C3AE 使用的是基础模型。总的来说,表 6-2、图 6-7、图 6-8 和图 6-6,在三个比较大的数据集 IMDB(460000 张图片),WIKI(62000 张图片)和 Morph II(55000 张图片)验证了我们的观点。

表 6-2　SSR、M-V2、S-V2 和 C3AE 的基础模型的结果比较

方法	组合方式	M-MAE	I-MAE	W-MAE	参数	存储量	乘加运算量
M-V2	(0.25,4)	3.72	7.23	7.29	107129	808.7KB	2.2M
	(0.25,6)	4.26	7.01	7.30	153561	994.7KB	3.0M
	(0.5,4)	3.71	6.76	6.76	354713	1.8MB	5.7M
	(0.5,6)	4.05	6.75	6.83	518857	2.5MB	8.1M
	(0.75,4)	3.24	**6.57**	6.49	747961	3.4MB	12.3M
	(0.75,6)	4.10	6.69	6.72	1102537	4.8MB	17.7M

① 代码来源于 Keras 中的 keras application。
② 代码来源于网址 https://github.com/opconty/keras-shufflenetV2。
③ 对于每一组最好的结果都采用黑体的形式加粗。

续表

方法	组合方式	M-MAE	I-MAE	W-MAE	参数	存储量	乘加运算量
S-V2	(0.25,0.5)	4.85	8.22	8.78	76589	1.0MB	**0.6M**
	(0.25,1)	4.11	7.67	8.02	464185	2.6MB	4.0M
	(0.5,0.5)	4.11	7.66	8.04	155753	1.3MB	1.4M
	(0.5,1)	3.83	7.40	7.63	1284087	5.9MB	12.7M
	(0.75,0.5)	3.98	7.55	7.91	250829	1.7MB	2.5M
	(0.75,1)	3.63	7.07	7.19	2473043	10.7MB	26.1M
SSR	完整模型	3.16	6.94	6.76	40915	326.4KB	17.6M
C3AE	基础模型	**3.13**	**6.57**	**6.44**	**36345**	**197.8KB**	12.8M

　　C3AE 的基础模型的效果一直都比 SSR、ShuffleNet-V2 和 MobileNet-V2 要好，测试损失最小。图中两条曲线分别代表测试和训练误差损失。在 MobileNet-V2 和 ShuffleNet-V2 中，因为使用了可分离的卷积操作，结果不如本章设计的基础模型。此外，有一个奇怪的发现，参数 $\alpha_{exp}=4$ 得到的结果比参数 $\alpha_{exp}=6$ 得到的结果要好。我们认为太大的倒瓶口模块（Inverted Residuals and Linear Bottlenecks）不太适合小尺度的图片和模型。事实上，SSR 中也使用了标准的卷积。但是，它的完整模型的效果比 C3AE 的基础模型的效果差。最后，从以上一些比较图可以看出，提出的基础模型的训练和测试损失的差距是最小的，说明我们模型的过拟合程度不高。从另一方面，也说明了我们模型有较强的泛化性能。所有这些发现表明了我们模型的优势。尽管提出的基础模型几乎没有采用额外的训练技巧，但是获得了非常有竞争力的效果。在深度学习中，给定一个数据集，最好的模型设计原则是设计的模型的泛化能力要与数据集匹配。当前绝大部分的神经网络都存在严重的过拟合问题，更不用说 AlexNet,VggNet、GoogLeNet 等大模型。

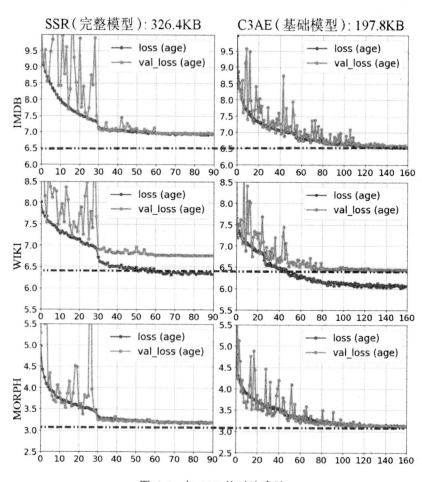

图 6-6　与 SSR 的对比实验

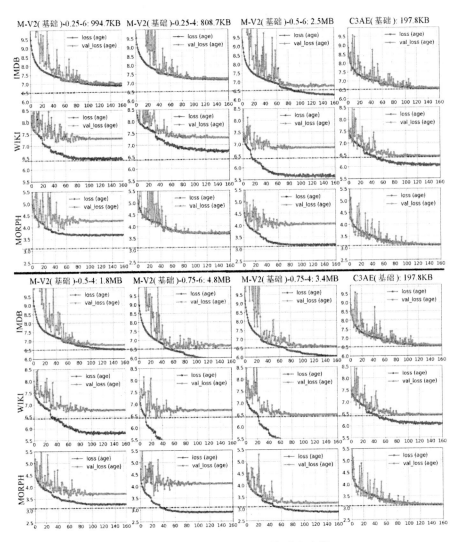

图 6-7　与 MobileNet-V2 的对比实验

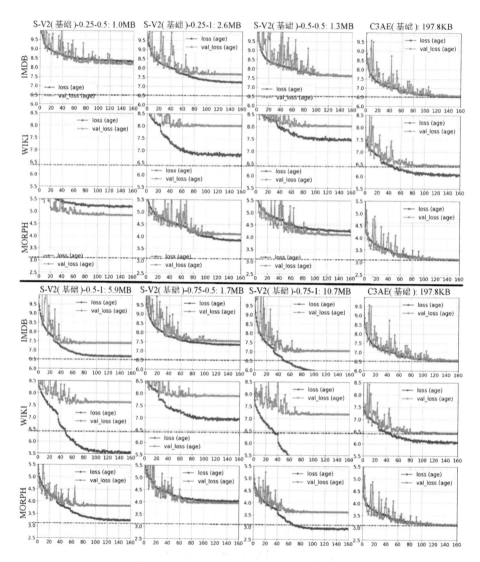

图 6-8　与 ShuffleNet-V2 的对比实验

除此之外，我们对这几个模型的速度也从两个方面进行了比较：乘加运算量（MACC/Flops）和实际运算时间。前者是一个模型在理论上的运算值，是深度模型尤其是卷积运算所需要的乘加运算量；后者是在同等条件下采用不同的设备测试的模型运行速度。具体测试办法是分别在 CPU（Intel Xeon 2.1GHZ）和 GPU（Titan X）上将图像前向运算 2000 次然后取平均值。具体的比较结果如表 6-3，提出的模型不管在理论上还是实测中，都有较好的速度优势。

表 6-3 模型的运行效率

评价指标	C3AE-Plain	SSR	M-v2(.5,6)	M-v2(.75,6)	S-v2(.5,1)	S-v2(.75,1)
乘加运算量(M)	12.8	17.6	8.1	17.7	12.7	26.1
CPU 运行时间(s)	0.0126	0.0233	0.0245	0.0394	0.0228	0.0295
GPU 运行时间(s)	0.0029	0.0050	0.0070	0.0080	0.0080	0.0082
MAE	3.13	3.16	4.05	4.10	3.83	3.63

在三个数据集上，我们进一步研究了残差模块和 SE 模块的必要性。根据实验结果，可以看出，残差模块对于小尺度图像和模型的效果不佳。但是 SE 模块在三个数据集上都有性能上的提升。这进一步验证了我们前面的设想。

2. 对比性实验 2：级联模块和上下文模块

这一部分，我们分析了级联模块（也即两点表示方法）和基于上下文模块对年龄估计问题的影响。

两点表示的信息由级联的方式来嵌入，我们给出了一个有无级联模块的比较实验。根据图 6-10 和表 6-5、表 6-6，不管公式 6-7 选择什么样的正则化参数 λ，级联模块对最终的结果是有利的。进一步地，当使用基于上下文模块(Cascade+Context)时，结果会再次得到提升。这两个对比实验说明了两点表示方法和基于上下文模块的有效性。事实上，两点表示方法和基于上下文模块在参数和存储上的代价几乎是可以忽略不计的。

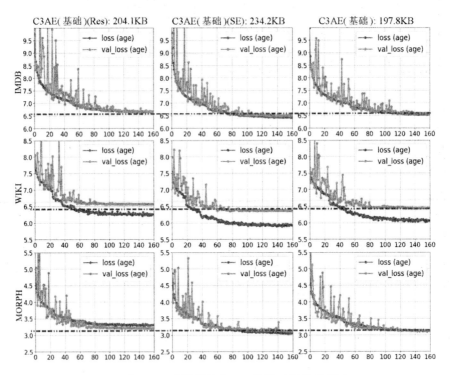

图 6-9　残差模块和 SE 模块对性能的影响

表 6-4　残差和 SE 模块的作用

数据集	w/o Res+w/o SE	w. Res	w. SE
Morph II	3.13	3.21	3.11
IMDB	6.57	6.66	6.50
WIKI	6.44	6.57	6.36

表 6-5　有无级联模块和基于上下文的模块

方法	MAE	存储	参数
w/o-cascade+SE	2.98	0.23MB	39.4K
cascade+SE	2.92	0.24MB	39.5K
cascade+SE+context	2.75	0.25MB	39.7K

根据实验结果图 6-10 和表 6-6 可以发现：一方面，不同的正则化参数 λ 主要用来控制预测分布的稀疏性，基于上下文的模型结果一直优于无上下文的模型。另一方面，无论正则化参数 λ 怎么取值，基于两点分布的方法比普通的回归方法总是好一些。特别地，在图 6-11，我们给出了一些预测的例子。在图 6-11 中，GT 表示标签值，图的说明（Legend）给出了预测的年龄。X 轴表示学到的权重 W_2，Y 轴表示预测到的向量分布 $\hat{\boldsymbol{y}}_n$。它们的内积/点乘就是预测到的年龄。我们能够看到学到的权重几乎等于标签关键点集 $W_2=[10,20,30,40,50,60,70,80]$。这就是说，$W_2$ 控制着两点表示向量，以防该向量出现多样化的组合形式，特别是有些不理想的组合形式。预测的权重向量最后两个元素是 92.73 和 55.49，看起来有些奇怪。经过对样本数据分析后，我们发现只有 9 个样本是属于区间[70,80]的，这就不难解释最后一个关键点为什么不正常。预测到的分布只有两三个元素是非零的，并且它们几乎是相邻的。这就进一步验证了两点表示方法的级联学习和基于上下文模块的有效性。

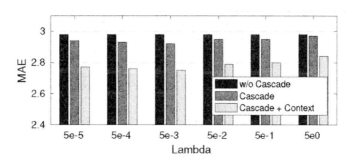

图 6-10　使用级联模块（两点表示）和上下文模块时的结果比较

表 6-6   不同的 λ 和上下文环境

方法	λ=5e-5	λ=5e-4	λ=0.005	λ=0.05	λ=0.5	λ=5
w/o context	2.94	2.93	2.92	2.95	2.95	2.97
context	2.77	2.76	2.75	2.79	2.80	2.84

为了测试 C3AE 的稳定性，我们对超参数公式 6-8 中的 α 进行了微调，具体结果如表 6-7 所示。五个不同的超参数 α=5,8,10,12,15 在 C3AE 的完整模型上进行了测试，它们的结果总体来说是比较稳定的，也显示了 C3AE 的鲁棒性。

表 6-7   不同 α 的结果对比

	α=5	α=8	α=10	α=12	α=15
C3AE	2.94	2.93	2.92	2.95	2.95

此外，我们在图 6-11 和图 6-12 中给出了一些例子。从这些例子可以看出，只有两三个元素是非零的，并且这些元素是相邻的。这就是说，两点表示对于多样化的组合方式有较好的约束，滤掉了一些负面的组合形式，比如 50=0.5×0+0.5×100=0.2×25+0.2×50+0.2×75+0.2×100。级联的模块在控制年龄表示的多样化组合上起了重要的作用。此外，基于上下文的结果也优于普通的方法。

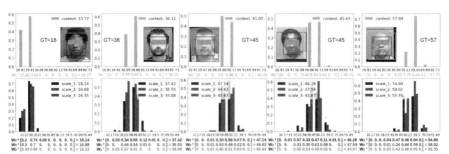

图 6-11   采用 C3AE 进行识别的一些例子

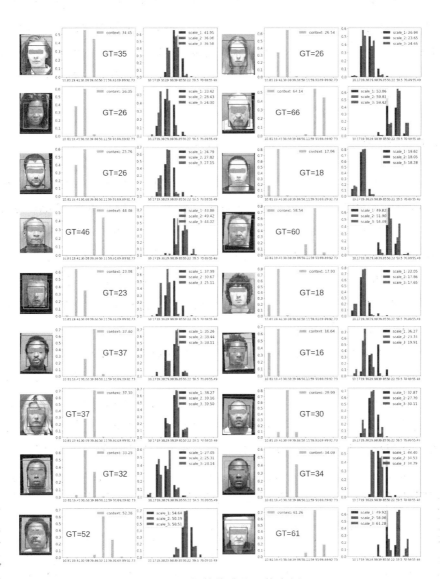

图 6-12　年龄估计的具体实例

对于人脸图像来说，给出了两个不同的分布：有无上下文时的分布，分别在图中第二和第三列。前者采用黄色，后者采用红绿蓝三色，分别对应三种不同的场景。特别地，后者只使用了单分辨率的图像，但是前者同时输入三张基于上下文的图像。前者能够获得比后者更好的效果。换句话说，基于上下文的模块起了效果，使得最终的分布只有 2-3 个非零元素，且它们是相邻的。

6.4.4　在 MorphII 上与主流方法的比较

这里进一步将 C3AE 与主流方法的结果进行了比较。完整模型（Full model）在无预训练和有预训练的情况下获得了 2.78MAE 和 2.75MAE 的结果。这是当前在紧致性模型中所获得的最好性能，且我们所提出的完整模型在模型参数和存储需求上也是最小的。在紧致性模型方面，之前最好的结果是 SSR[126]得到的 3.16MAE，具体情况如表 6-8 所示。事实上，我们的基础模型（Plain model）在没有添加任何技巧和额外增强方式的情况下获得了 3.13MAE 的结果。

表 6-8 可以看出，其他方法的结果都是在数据集 IMDB-WIKI 进行了预训练。本书提出的方法在有无预训练的情况下差别不大。事实上，这也是符合 He[130]关于预训练的结论的，即预训练只能加速网络的收敛，在网络的性能上并没有提高。根据 C3AE 基础模型的训练和测试曲线情况，本模型的泛化能力较强，过拟合程度较轻，并不需要太多的预训练过程。

表 6-8　与主流方法在 MorphII 数据集上的比较：包括大模型和紧致性模型

类型	方法	MAE	存储量	参数
Compact	ORCNN[14]	3.27	1.7 MB	479.7 K
	MRCNN[14]	3.42	1.7 MB	479.7 K
	DenseNet[5]	5.05	1.1 MB	242.0 K
	MobileNet-V1[7]	6.50	1.0 MB	226.3 K
	SSR[126]	3.16	0.32 MB	40.9 K

续表

类型	方法	MAE	存储量	参数
Bulky	Ranking CNN[121]	2.96	2.2 GB	500 M
	Hot[128]	3.45	530 MB	138 M
	ODFL[116]	3.12	530 MB	138 M
	DEX[120]	3.25	530 MB	138 M
	DEX (IMDB-WIKI)[120]	2.68	530 MB	138 M
	ARN[129]	3.00	530 MB	138 M
	AP[73]	2.52	530 MB	138 M
	MV[123]	2.41	530 MB	138 M
	MV (IMDB-WIKI)[123]	**2.16**	530 MB	138 M
C3AE	Full model (Scratch)	2.78	**0.25 MB**	**39.7 K**
	Full model (IMDB-WIKI)	**2.75**	**0.25 MB**	**39.7 K**

此外，与当前主流的大模型在性能比较上，我们的结果仍然具有很强的竞争力。除 MV[123]、AP[73]和 DEX[120]外（在已经发表的工作中），我们的结果比绝大多数模型的效果都要好一些。这些大模型通常是在 VggNet 网络上，需要的模型存储量几乎是 C3AE 的 2000 倍。此外，它们使用的 VggNet 大多在 ImageNet 上进行过预训练。与这些模型相比，我们的方法即使在直接训练（Scratch）的情况下，仍然超过这些大模型的性能。总的来说，C3AE 用非常少的参数和存储需求获得了极具竞争力的效果。

6.4.5　在 FG-NET 上与主流方法的比较

见表 6-9，本研究与其他的主流方法进行了比较。由于该数据集不大，在具体的实施过程中，这里并没有训练 82 个模型，而是随机将实验进行了 10 次。采用这种方式，训练数据变少了，相对来说更有挑战性。事实上，

Han 等人[131]和 Luu 等人[132]也采用了不同的数据处理方式。MV[123]使用均值方差损失函数（Mean-varianceloss）在有预训练和无预训练的情况下得到了 2.68MAE 和 4.10MAE，我们的方法在有预训练和无预训练的情况下获得了 2.95MAE 和 4.09MAE。考虑到我们的存储需求和参数量，相对来说，我们的方法比较有竞争力。

表 6-9　与主流方法在 FG-NET 数据集上的比较

方法	MAE	存储量	参数
Geng 等人[72]	5.77	-	-
Han 等人[131]	4.80	-	-
Luu 等人[132]	4.37	-	-
Luu 等人[133]	4.12	-	-
Wang 等人[134]	4.26	-	-
Feng 等人 (1)[117]	4.35	530 MB	138 M
Feng 等人 (2)[117]	4.09	530 MB	138 M
Zhu 等人 (Actual)[135]	4.58	530 MB	138 M
Zhu 等人 (Synthesized)[135]	3.62	530 MB	138 M
Liu 等人[116]	3.89	530 MB	138 M
DEX[120]	4.63	530 MB	138 M
DEX (WIKI-IMDB)[120]	3.09	530 MB	138 M
MV[123]	4.10	530 MB	138 M
MV (WIKI-IMDB)[123]	**2.68**	530 MB	138 M
C3AE (Scratch)	4.09±0.19	**0.25 MB**	**39.7 K**
C3AE (WIKI-IMDB)	2.95±0.17	**0.25 MB**	**39.7 K**

6.5 本章小结

在这一章，提出了一种新颖且紧致的模型 C3AE。与大模型相比，提出的模型非常有竞争力，与小模型相比，我们的效果是当前最好的。通过大量的对比实验，验证了提出方法的有效性和鲁棒性。我们给出了一种新的年龄估计定义：两点表示方法，并采用级联的方式进行训练。针对小尺度图片，我们对模型的设计要求进行了分析，给出了一些建设性意见。在未来的工作中，我们会进一步在更大的数据集和更多的应用中验证我们的观点。

第7章

基于方向梯度模板的新型
图像噪声检测算法

7.1 引　言

　　图像去噪的目的是在去除图像噪声的同时尽可能地保留图像细节。文献[179-180]给出了基于噪声点检测的自适应中值滤波法。对比实验表明，相比其他中值滤波法具有较好的去噪和保留细节的能力，这些算法只针对椒盐噪声或者脉冲噪声，当噪声值接近图像的极值才能有效判断，而对噪声值处于其他范围时无效。这说明如果只对噪声点像素进行去噪处理可以获得很好的效果。因此，本章尝试将分数阶积分理论用到图像处理中，提出一种基于分数阶微分的图像噪声点的检测算法，用于检测图像中添加的随机噪声。实验证明，本章算法可以有效检测出图像中添加的随机噪声点位置。

7.2　分数阶微分梯度及其模板

　　若一元信号的持续期为，将信号持续期间按单位 $h=1$ 进行等分，可以得到 $n=\left[\dfrac{t-a}{h}\right]^{h=1}=[t-a]$，可以推导出一元信号分数阶微分的差分表达式：

$$\frac{d^v f(t)}{dt^v} \approx f(t) + (-v)f(t-1) + \frac{v(v-1)}{2}f(t-2) + \cdots + (-1)^n \frac{\Gamma(v+1)}{n!\Gamma(v-n+1)}f(t-n)$$

$$(7\text{-}1)$$

根据式（7-1）写出差分方程右边的前 n 项…。

对于数字图像，依据信号的差分方程可以获得不同方向的分数阶微分梯度的计算公式。依此构建不同方向的分数阶微分梯度掩模，本章设计了 8 个方向的梯度模板，如图 7-1～图 7-8 所示。

0	…	0	0	0	0	0	0	0	…	0
0	…	…	…	…	…	…	…	…	…	0
0	…	0	0	0	0	0	0	0	…	0
0	…	0	0	0	0	0	0	0	…	0
0	…	0	0	0	0	0	0	0	…	0
a_n	…	a_3	a_2	a_1	0	$-a_1$	$-a_2$	$-a_3$	…	$-a_n$
0	…	0	0	0	0	0	0	0	…	0
0	…	0	0	0	0	0	0	0	…	0
0	…	0	0	0	0	0	0	0	…	0
0	…	…	…	…	…	…	…	…	…	0
0	…	0	0	0	0	0	0	0	…	0

图 7-1　水平方向梯度模板

0	…	0	0	0	a_n	0	0	0	…	0
0	…	…	…	…	…	…	…	…	…	0
0	…	0	0	0	a_3	0	0	0	…	0
0	…	0	0	0	a_2	0	0	0	…	0
0	…	0	0	0	a_1	0	0	0	…	0
0	…	0	0	0	0	0	0	0	…	0
0	…	0	0	0	$-a_1$	0	0	0	…	0
0	…	0	0	0	$-a_2$	0	0	0	…	0
0	…	0	0	0	$-a_3$	0	0	0	…	0
0	…	…	…	…	…	…	…	…	…	0
0	…	0	0	0	$-a_n$	0	0	0	…	0

图 7-2 垂直方向梯度模板

a_n	...	0	0	0	0	0	0	0	...	0
0	...	...	...	...	...	...	...	...	...	...
0	...	a_3	0	0	0	0	0	0	...	0
0	...	0	a_2	0	0	0	0	0	...	0
0	...	0	0	a_1	0	0	0	0	...	0
0	...	0	0	0	0	0	0	0	...	0
0	...	0	0	0	0	$-a_1$	0	0	...	0
0	...	0	0	0	0	0	$-a_2$	0	...	0
0	...	0	0	0	0	0	0	$-a_3$	...	0
0	...	...	...	...	...	...	...	...	...	...
0	...	0	0	0	0	0	0	0	...	$-a_n$

图 7-3 45°方向梯度模板

0	...	0	0	0	0	0	0	0	...	a_n
0	...	...	...	...	...	...	...	...	...	...
0	...	0	0	0	0	0	0	a_3	...	0
0	...	0	0	0	0	0	a_2	0	...	0
0	...	0	0	0	0	a_1	0	0	...	0
0	...	0	0	0	0	0	0	0	...	0
0	...	0	0	$-a_1$	0	0	0	0	...	0
0	...	0	$-a_2$	0	0	0	0	0	...	0
0	...	$-a_3$	0	0	0	0	0	0	...	0
0	...	...	...	...	...	...	...	...	...	...
$-a_n$	...	0	0	0	0	0	0	0	...	0

图 7-4　135°方向梯度模板

0	...	0	0	0	$-a_n$	0	0	0	...	0
0	...	...	...	...	...	...	...	...	...	...
0	...	0	0	0	$-a_3$	0	0	0	...	0
0	...	0	0	0	$-a_2$	0	0	0	...	0
0	...	0	0	0	$-a_1$	0	0	0	...	0
a_n	...	a_3	a_2	a_1	0	0	0	0	...	0
0	...	0	0	0	0	0	0	0	...	0
0	...	0	0	0	0	0	0	0	...	0
0	...	0	0	0	0	0	0	0	...	0
0	...	...	...	...	...	...	...	...	...	...
0	...	0	0	0	0	0	0	0	...	0

图 7-5　水平和垂直方向梯度模板

0	...	0	0	0	a_n	0	0	0	...	0
0	...	...	...	...	...	...	...	...	...	...
0	...	0	0	0	a_3	0	0	0	...	0
0	...	0	0	0	a_2	0	0	0	...	0
0	...	0	0	0	a_1	0	0	0	...	0
0	...	0	0	0	0	$-a_1$	$-a_2$	$-a_3$	...	$-a_n$
0	...	0	0	0	0	0	0	0	...	0
0	...	0	0	0	0	0	0	0	...	0
0	...	0	0	0	0	0	0	0	...	0
0	...	...	...	...	...	...	...	...	...	...
0	...	0	0	0	0	0	0	0	...	0

图 7-6　垂直和水平方向方向梯度模板

$-a_n$	···	0	0	0	0	0	0	0	···	0
0	···	···	···	···	···	···	···	···	···	···
0	···	$-a_3$	0	0	0	0	0	0	···	0
0	···	0	$-a_2$	0	0	0	0	0	···	0
0	···	0	0	$-a_1$	0	0	0	0	···	0
a_n	···	a_3	a_2	a_1	0	0	0	0	···	0
0	···	0	0	0	0	0	0	0	···	0
0	···	0	0	0	0	0	0	0	···	0
0	···	0	0	0	0	0	0	0	···	0
0	···	···	···	···	···	···	···	···	···	···
0	···	0	0	0	0	0	0	0	···	0

图 7-7　水平和 45°方向梯度模板

0	···	0	0	0	0	0	0	0	···	$-a_n$
0	···	···	···	···	···	···	···	···	···	···
0	···	0	0	0	0	0	0	$-a_3$	···	0
0	···	0	0	0	0	0	$-a_2$	0	···	0
0	···	0	0	0	0	$-a_1$	0	0	···	0
a_n	···	a_3	a_2	a_1	0	0	0	0	···	0
0	···	0	0	0	0	0	0	0	···	0
0	···	0	0	0	0	0	0	0	···	0
0	···	0	0	0	0	0	0	0	···	0
0	···	···	···	···	···	···	···	···	···	···
0	···	0	0	0	0	0	0	0	···	0

其中，梯度掩膜的系数 $a_1 = -v$ ，$a_2 = \dfrac{v(v-1)}{2}$ ，$a_3 = \dfrac{-v(v-1)(v-2)}{6}$ ，$a_4 = \dfrac{v(v-1)(v-2)(v-3)}{24}$ ，$\cdots$ ，$a_n = (-1)^n \dfrac{\Gamma(v+1)}{n!\,\Gamma(v-n+1)}$ 。选择前 n 项，通过截断的方式完成具体实现。用分数阶微分梯度模板与图像进行卷积即可获得不同方向的梯度图像。

7.3　随机噪声检测及结果

随机噪声检测的过程如下：在无噪声的图像中加入强度值在一定范围内的随机噪声，然后用不同方向的分数阶微分梯度模板与图像进行卷积，获得不同方向的分数阶微分梯度图像，通过计算分数阶微分梯度图像的均值，以均值为基础确定梯度检测图的阈值，梯度图像中高于阈值的像素点为 1，低于阈值的像素点为 0，由此获得不同方向的梯度检测图；并将多个方向的梯度检测图通过与运算，用于消除梯度图中在某些方向上无梯度跳变的点，最后检测出的噪声点位置。下面以 PEPPER 图像为例说明检测过程。

首先，在无噪声的图像中加入强度值为 86～175 的随机噪声，未加噪声的图像和加入噪声后的图像，如图 7-9 和图 7-10 所示。

图 7-9　无噪点图像　　　　　　　图 7-10　添加噪声后的图像

选取微分阶数 v 为 0.5,将其代入分数阶梯度模板,即可获取水平、垂直、45°、135°、水平和垂直、垂直和水平、水平和45°、水平和135°共8个方向的分数阶微分梯度模板,然后使用这些分数阶微分梯度模板与噪声图像进行卷积运算,分别得到这8个不同方向的分数阶微分梯度图。通过计算8个方向梯度图的均值取整并将其值加12~13作为阈值,获取8个梯度方向的梯度检测,如图7-11~图7-18所示。

图 7-11　水平方向的梯度检测图　　图 7-12　垂直方向的梯度检测图

图 7-13　45°方向的梯度检测图　　图 7-14　135°方向的梯度检测图

图 7-15　水平和垂直方向的梯度检测图　　图 7-16　垂直和水平方向的梯度检测图

图 7-17　水平和 45°方向的梯度检测图　　图 7-18　水平和 135°方向的梯度检测图

　　将不同方向梯度检测图，通过与运算，消除梯度图中在某些方向上无梯度跳变的点，即图像的边缘，即可获取检测出的噪声点位置如图 7-19 所示。

图 7-19　检测出的噪声点位置　　　　图 7-20　实际添加噪声点位置

对比图 7-19 检测出的噪声点位置和图 7-20 实际添加噪声的位置，可以看出该算法可以有效检测出添加的噪声。实验所用 PEPPER 图像是 512×512 的灰度图像，随机添加强度为 86—175 的噪声点共 3513 个，正确检测的有 3007，正确率达到 85.6%；漏检的有 506，误检的 14 个。对该图像添加其他噪声强度，正确检测数见表 7-1。

表 7-1　对 PEPPER 图像多次添加随机噪声的检测结果

次数	随机噪声强度范围（灰度值 0～255）	噪声点数/个	正确检测数/个	漏检/个	误检/个	正确率/%
1	96～170	1702	1517	185	10	89.1
2	92～187	2326	2065	261	15	88.8
3	90～165	2580	2249	331	15	87.2
4	86～175	3513	3007	506	14	85.6
5	82～163	4598	3795	803	10	82.5

从表 7-1 的实验结果可以看出，被误检的像素点很少，应该是 pepper 图像的纹理信息较少；噪声检测正确率仍然保持 82% 以上，再次说明了该噪声检测算法有效性。

7.4　本章小结

　　图像去噪处理对无噪声像素的任何运算都将改变图像原有的特征信息，因此，只对噪声点进行去噪处理的运算将可以获得更好的去噪性能。本文提出了基于 8 个方向分数阶微分梯度的噪声检测算法，可以有效检测出图像中噪声点的位置，这是将分数阶微分理论应用到图像去噪领域的尝试和探索。

第 8 章

总结与展望

8.1 全文总结

本书从从深度学习的角度围绕图像有序性估计问题展开研究。

第一，分析了类别分类任务和有序性回归任务的关系，提出了基于条件风险的估计模型。第二，针对有序性图像数据集通常出现的过拟合问题，提出了网格丢弃和基于网格位置的网格丢弃方法。第三，在网格丢弃的基础上，本书进一步提出了两种多视角的学习方法。第四，针对图像美学的有序性评估的应用，提出了基于样本加权的分类方法，并通过类别激活图分析了图像美学等级评估，给出了一种可视化的理解。第五、针对有序性年龄估计问题，提出了一个极紧致的模型和两点表示方法，并得到了非常有竞争力的结果。具体来说，本书的主要贡献总结如下：

（1）从深度学习的角度分析了有序性估计问题，特别是基于类别标签和有序性分值标签的关系，提出了两种基于风险规则的方法：DTCNN 和 Risk-CNN。

在 DTCNN 中，分类任务和回归任务被融合起来联合训练。在两个任务相互促进的过程中，发现细的类别等级比粗的类别等级更有助于回归任务的学习。另外，通过分析 DTCNN 中分离层的神经元的激活情况，说明了 DTCNN 训练过程中两个任务存在着信息交互。为了进一步降低调试平衡因子的困难，将有序性约束条件嵌入到分类任务中，提出了基于条件风险规则的 Risk-CNN 模型。本章提出的两个方法有较强的推广性，能够应用到其他问题中。在实验阶段，通过大量的对比实验和与当前最好性能方法的比较实验，结果表明了提出的方法有较强的竞争力。

（2）提出了一种网格丢弃的方法，以特定的比例随机地丢弃一些图像网格，很好地保留了图像的空间结构。此外，为了更好地学习和理解图像，遮蔽网格的位置也作为一种监督信息，将掩蔽信息嵌入到训练目标中。

在实验中从识别率、泛化能力和基于梯度的类别激活图的可视化三个方面阐述了本书提出的方法。本书还讨论了神经元丢弃和网格丢弃之间的关系，得出结论：对于中小型数据集，网格丢弃优于神经元丢弃，两者结合起来使用能进一步提高模型的识别率。最后，本书将提出的模型与主流的方法进行了比较，说明了提出的方法非常具有竞争力。

（3）提出了基于多视角学习的网格丢弃方法，主要将训练图片以网格的方式进行随机地遮挡，然后将这些多个视角遮挡的图片进行聚合，提出了基于多视角最大池化（MVMP）的分类方法、基于多视角最大池化的分类任务和基于平均池化的回归任务（MVMPAP）的分类方法。

每一张原始图片的预测由多视角的遮挡图片来决定。在实验中，我们进行了对比性实验和与主流方法比较的实验，获得了当前最好的性能。

（4）提出了一种基于样本权重的分类模型，并且能同时执行分类任务和深度类别激活图。

对于前者，提出的分类模型取得了当前最好的识别性能，验证了方法的有效性。对于后者，深度类别激活图能够解释分类模型到底学到了什么，并能指出图像在空间位置上的美学强度，另外美学激活图在空间位置上的平均值代表着美学评定。我们发现，美学等级类别激活图与美学属性类别激活图之间存在着一定的联系，通过此关系建立起人的美学视觉评估与模型的美学评估之间的桥梁。最后，基于深度类别激活图给出了一个应用：图像自动切割。总的来说，提出的模型不仅能得到美学评估结果，也能更深入地理解图像美学。

（5）提出了一种新颖且紧致的模型 C3AE。

与大模型相比，提出的方法的结果非常有竞争力，与小模型相比，其结果又是当前最好的。大量的对比实验验证了提出的基础模型的有效性和鲁棒性。此外，提出了一种新的年龄估计的定义：两点表示方法，并采用级联的方式进行训练。针对小尺度图片，我们对模型的设计要求进行了分析，给出了一些建设性意见。在未来的工作中，会进一步在更大的数据集和更多的应用中验证提出的方法。

8.2 工作展望

本书在图像有序性估计方法和应用上进行了研究，得到了一些比较好的效果和性能上的提升。但是仍然存在着很多不足之处：

（1）提出了双任务的模型 DTCNN，在验证不同量化等级时，只进行了2、4、8类三种量化等级。当等级为8类时，回归任务能得到最好的性能，但是16类的结果会是怎样？在多少类会出现拐点？尽管我们猜想，16类的结果可能不会太好，但是还需要进一步地验证。因为划分成16类，要想获得好的结果，需要更多的训练样本。这是一个开放性的问题，可以进一步地探索。

（2）提出了网格丢弃的方法，获得了较好的性能。但是，对于网格大小的设定并没有给出相应的研究。事实上网格大小的设定与数据集中目标的大小和目标占整张图片的比例有着很大的关系。我们可以考虑用一种弱监督的方式来定位目标，然后确定一个合适的网格大小。这就是说，给定数据集，通过弱监督就可以得到可适应性的网格大小。

（3）网格位置学习是一种有监督学习，我们可以考虑将生成对抗网络和无监督的图像补缺思想嵌入到网格位置学习中，进一步提升网络的特征表达能力。

（4）多视角的方法获得了非常好的性能，但是也付出了一定的代价。对于每一张图像，每次取很多张遮挡的图像作为输入，这本身会耗费大量的计算资源和存储空间。如果不考虑其优异的性能，在现实应用中，该方法不是一个好的选择。所以需要研究一种方法，既能多视角地学习，又不耗费太大的计算资源和存储空间。

（5）美学评定和美学属性的关系还不够明确，所以 AVA 数据集需要进一步地清洗，尤其是对于美学属性标签的清洗。从实验结果可以看出，当美学属性分支加入到网络模型时，美学评定的效果反而没有提升，说明属性标签还需要进一步地整理。另外，在进行图像自动切割的应用时，只能通过人眼进行主观定性评价，急需一种定量的评估标准。在将来的工作中，可以基于 AVA 数据集对美学属性进行梳理，结合美学等级评估，制定一种定量化的评测标准。

（6）样本的权值设定为二元的形式，这还可以进一步地探索。这个问题还可以推而广之，放到许多其他样本不均匀的应用中，比如长尾效应。

（7）我们跟随 SSR 的工作，直接将图片的输入尺度设置为 64，设计了一个紧致性的模型。在有些数据集中，当图片尺度太小时，其分辨率不够，会严重影响模型的识别性能，比如 ImageNet，比较难探索它们间的关系。因为 ImageNet 数据集目标的大小非常多样化，图片的尺度对模型的识别性能影响较大。在特定数据集上，比如人脸数据集或者单目标数据集，这个问题有较大的研究价值。所以在将来的研究中，可以探索图片的尺度与不同数据集间的关系，特别是针对特定目标的数据集。

（8）提出的模型虽然获得了较好的性能，但是只采用了普通卷积模块。事实上，可分离性卷积模块在有些方面是有一定的优势的，比如当图片的尺寸比较大时，有些层就必须采用可分离性卷积模型以保证模型的紧致性。所以在将来的研究中，考虑将可分离性卷积与普通卷积相结合，进一步研究新的卷积模块。

（9）提出的模型只在年龄估计的四个数据集上进行了验证，得到了不错的效果。但是，该模型是否能在其他应用中也能有好的效果呢？如果应用在 ImageNet 上，效果会怎样？因为没有模型是万能的，该模型在什么样的数据集上会有好的效果？这三个问题需要在将来进一步研究。

致　谢

　　本著作得到了四川省科技计划（2019YFS0069）资助，在此一并对四川省科技厅表示谢意。

参考文献

[1] A. Krizhevsky, I. Sutskever, G. E. Hinton. Imagenet classification with deep convolutional neural networks[C]. Advances in Neural Information Processing Systems (NIPS), Lake Tahoe, USA, 2012, 1097-1105.

[2] J. Deng, W. Dong, R. Socher, et al. Imagenet: A large-scale hierarchical image database[C]. Proceedings of the IEEE Conference on Computer Vision and Pattern Recognition (CVPR), Miami, USA, 2009, 248-255.

[3] K. Simonyan, A. Zisserman. Very deep convolutional networks for large-scale image recognition[J]. arXiv preprint arXiv:1409.1556, 2014.

[4] K. He, X. Zhang, S. Ren, et al. Deep residual learning for image recognition[C]. Proceedings of the IEEE Conference on Computer Vision and Pattern Recognition (CVPR), Las Vegas, USA, 2016, 770-778.

[5] G. Huang, Z. Liu, L. Van Der Maaten, et al. Densely connected convolutional networks[C]. Proceedings of the IEEE Conference on Computer Vision and Pattern Recognition (CVPR), Honolulu, USA, 2017, 4700-4708.

[6] J. Hu, L. Shen, G. Sun. Squeeze-and-excitation networks[J]. arXiv preprint arXiv:1709.01507, 2017.

[7] A. G. Howard, M. Zhu, B. Chen, et al. Mobilenets: Efficient convolutional neural networks for mobile vision applications[J]. arXiv preprint arXiv:1704.04861, 2017.

[8] M. Sandler, A. Howard, M. Zhu, et al. Mobilenetv2: Inverted residuals and linear bottlenecks[C]. Proceedings of the IEEE Conference on Computer

Vision and Pattern Recognition (CVPR), Salt Lake City, USA, 2018, 4510-4520.

[9] X. Zhang, X. Zhou, M. Lin, et al. Shufflenet: An extremely efficient convolutional neural network for mobile devices[J]. arXiv preprint arXiv:1707.01083, 2017.

[10] N. Ma, X. Zhang, H.-T. Zheng, et al. Shufflenet v2: Practical guidelines for efficient CNN architecture design[C]. European Conference on Computer Vision (ECCV), Munich, Germany, 2018, 116-131.

[11] B. Zoph, Q. V. Le. Neural architecture search with reinforcement learning[J]. arXiv preprint arXiv:1611.01578, 2016.

[12] G. Levi, T. Hassner. Age and gender classification using convolutional neural networks[C]. Proceedings of the IEEE Conference on Computer Vision and Pattern Recognition (CVPR) Workshop, Boston, USA, 2015, 34-42.

[13] B.-B. Gao, C. Xing, C.-W. Xie, et al. Deep label distribution learning with label ambiguity[J]. IEEE Transactions on Image Processing, 2017, 26(6): 2825-2838.

[14] Z. Niu, M. Zhou, L. Wang, et al. Ordinal regression with multiple output CNN for age estimation[C]. Proceedings of the IEEE Conference on Computer Vision and Pattern Recognition (CVPR), Las Vegas, USA, 2016, 4920-4928.

[15] R. Datta, D. Joshi, J. Li, et al. Studying aesthetics in photographic images using a computational approach[C]. European Conference on Computer Vision (ECCV), Graz, Austria, 2006, 288-301.

[16] R. Datta, D. Joshi, J. Li, et al. Image retrieval: Ideas, influences, and trends of the new age[J]. ACM Computing Surveys, 2008, 40(2): 1-60.

[17] L. Marchesotti, N. Murray, F. Perronnin. Discovering beautiful attributes for aesthetic image analysis[J]. International Journal of Computer Vision,

2015, 113(3): 246-266.

[18] W. Hou, X. Gao, D. Tao, et al. Blind image quality assessment via deep learning[J]. IEEE Transactions on Neural Networks and Learning Systems, 2015, 26(6): 1275-1286.

[19] Y. J. Lee, A. A. Efros, M. Hebert. Style-aware mid-level representation for discovering visual connections in space and time[C]. Proceedings of the IEEE International Conference on Computer Vision (ICCV), Sydney, Australia, 2013, 1857-1864.

[20] Y. Zhang, R. Zhao, W. Dong, et al. Bilateral ordinal relevance multi-instance regression for facial action unit intensity estimation[C]. Proceedings of the IEEE Conference on Computer Vision and Pattern Recognition (CVPR), Salt Lake City, USA, 2018, 7034-7043.

[21] P. McCullagh, J. A. Nelder. Generalized linear models[M]. Florida, USA, CRC press, 1989.

[22] A. A. O'Connell. Logistic regression models for ordinal response variables[M]. California, USA, Sage Press, 2006.

[23] P. A. Gutierrez, M. Perez-Ortiz, J. Sanchez-Monedero, et al. Ordinal regression methods: survey and experimental study[J]. IEEE Transactions on Knowledge and Data Engineering, 2016, 28(1): 127-146.

[24] Y. Liu, A. W.-K. Kong, C. K. Goh. Deep ordinal regression based on data relationship for small datasets[C]. International Joint Conferences on Artificial Intelligence (IJCAI), Melbourne, Australia, 2017, 2372-2378

[25] Y. LeCun, L. Bottou, Y. Bengio, et al. Gradient-based learning applied to document recognition[J]. Proceedings of the IEEE, 1998, 86(11): 2278-2324.

[26] R. Herbrich. Large margin rank boundaries for ordinal regression[J]. Advances in Large Margin Classifiers, 2000, 88: 115-132.

[27] W. Chu, Z. Ghahramani. Gaussian processes for ordinal regression[J].

Journal of Machine Learning Research, 2005, 6(7): 1019-1041.

[28] W. Chu, S. S. Keerthi. Support vector ordinal regression[J]. Neural Computation, 2007, 19(3): 792-815.

[29] Y. Fu, G. Guo, T. S. Huang. Age synthesis and estimation via faces: A survey[J]. IEEE Transactions on Pattern Analysis and Machine Intelligence, 2010, 32(11): 1955-1976.

[30] H. Han, C. Otto, A. K. Jain. Age estimation from face images: Human vs. machine performance[C]. IEEE International Conference on Biometrics (ICB), Madrid, Spain, 2013, 1-8.

[31] N. Dalal, B. Triggs. Histograms of oriented gradients for human detection[C]. Proceedings of the IEEE Conference on Computer Vision and Pattern Recognition (CVPR), San Diego, USA, 2005, 886-893.

[32] D. G. Lowe. Distinctive image features from scale-invariant keypoints[J]. International Journal of Computer Vision, 2004, 60(2): 91-110.

[33] D. E. Rumelhart, G. E. Hinton, R. J. Williams. Learning representations by back-propagating errors[J]. Nature, 1986, 323(6088): 533.

[34] S. Ruder. An overview of multi-task learning in deep neural networks[J]. arXiv preprint arXiv:1706.05098, 2017.

[35] Y. Bengio, A. Courville, P. Vincent. Representation learning: A review and new perspectives[J]. IEEE Transactions on Pattern Analysis and Machine Intelligence, 2013, 35(8): 1798-1828.

[36] P. Jawanpuria, M. Lapin, M. Hein, et al. Efficient output kernel learning for multiple tasks[C]. Advances in Neural Information Processing Systems (NIPS), Montreal, Canada, 2015, 1189- 1197.

[37] K. Chen, S. Gong, T. Xiang, et al. Cumulative attribute space for age and crowd density estimation[C]. Proceedings of the IEEE Conference on Computer Vision and Pattern Recognition (CVPR), Portland, USA, 2013, 2467-2474.

[38] E. Hutchins. Cognition in the wild[M]. Cambridge, USA, MIT Press, 1995

[39] S. Singh, A. Gupta, A. A. Efros. Unsupervised discovery of mid-level discriminative patches[C]. European Conference on Computer Vision (ECCV), Florence, Italy, 2012, 73-86.

[40] D. Yi, Z. Lei, S. Z. Li. Age estimation by multi-scale convolutional network[C]. Asian Conference on Computer Vision (ACCV), Singapore, 2015, 144-158.

[41] C. Szegedy, W. Liu, Y. Jia, et al. Going deeper with convolutions[C]. Proceedings of the IEEE Conference on Computer Vision and Pattern Recognition (CVPR), Boston, USA, 2015, 1-9.

[42] S. Ioffe, C. Szegedy. Batch normalization: Accelerating deep network training by reducing internal covariate shift[J]. arXiv preprint arXiv:1502.03167, 2015.

[43] C. Szegedy, V. Vanhoucke, S. Ioffe, et al. Rethinking the inception architecture for computer vision[C]. Proceedings of the IEEE Conference on Computer Vision and Pattern Recognition (CVPR), Las Vegas, USA, 2016, 2818-2826.

[44] C. Szegedy, S. Ioffe, V. Vanhoucke, et al. Inception-v4, inception-resnet and the impact of residual connections on learning[C]. AAAI Conference on Artificial Intelligence (AAAI), San Francisco, USA, 2017, 4278-4284

[45] T. Ojala, M. Pietikainen, D. Harwood. Performance evaluation of texture measures with classification based on kullback discrimination of distributions[C]. Proceedings of 12th International Conference on Pattern Recognition, Jerusalem, Israel, 1994, 582-585.

[46] S. Lazebnik, C. Schmid, J. Ponce. Beyond bags of features: Spatial pyramid matching for recognizing natural scene categories[C]. Proceedings of the IEEE Conference on Computer Vision and Pattern Recognition (CVPR), New York, USA, 2006, 2169-2178.

[47] D. E. Rumelhart, G. E. Hinton, R. J. Williams. Learning internal representations by error propagation[R]. DTIC Document.

[48] G. E. Hinton, R. R. Salakhutdinov. Reducing the dimensionality of data with neural networks[J]. Science, 2006, 313(5786): 504-507.

[49] R. Girshick. Fast R-CNN[C]. Proceedings of the IEEE International Conference on Computer Vision (ICCV), Santiago, Chile, 2015, 1440-1448.

[50] S. Ren, K. He, R. Girshick, et al. Object detection networks on convolutional feature maps[J]. arXiv preprint arXiv:1504.06066, 2015.

[51] R. Girshick, F. Iandola, T. Darrell, et al. Deformable part models are convolutional neural networks[C]. Proceedings of the IEEE Conference on Computer Vision and Pattern Recognition (CVPR), Boston, USA, 2015, 437-446.

[52] R. Girshick, J. Donahue, T. Darrell, et al. Rich feature hierarchies for accurate object detection and semantic segmentation[C]. Proceedings of the IEEE Conference on Computer Vision and Pattern Recognition (CVPR), Columbus, USA, 2014, 580-587.

[53] P. Sermanet, D. Eigen, X. Zhang, et al. Overfeat: Integrated recognition, localization and detection using convolutional networks[J]. arXiv preprint arXiv:1312.6229, 2013.

[54] G. E. Hinton, N. Srivastava, A. Krizhevsky, et al. Improving neural networks by preventing co-adaptation of feature detectors[J]. arXiv preprint arXiv:1207.0580, 2012.

[55] V. Nair, G. E. Hinton. Rectified linear units improve restricted boltzmann machines[C]. International Conference on Machine Learning, Haifa, Israel, 2010, 807-814.

[56] M. D. Zeiler, R. Fergus. Visualizing and understanding convolutional networks[C]. European Conference on Computer Vision (ECCV), Zurich,

Switzerland, 2014, 818-833.

[57] K. He, X. Zhang, S. Ren, et al. Spatial pyramid pooling in deep convolutional networks for visual recognition[C]. European Conference on Computer Vision (ECCV), Zurich, Switzerland, 2014, 1904-1916.

[58] W. Liu, D. Anguelov, D. Erhan, et al. SSD: Single shot multibox detector[C]. European Conference on Computer Vision (ECCV), Amsterdam, The Netherlands, 2016, 21-37.

[59] J. Redmon, S. Divvala, R. Girshick, et al. You only look once: Unified, real-time object detection[C]. Proceedings of the IEEE Conference on Computer Vision and Pattern Recognition (CVPR), Las Vegas, USA, 2016, 779-788.

[60] J. Redmon, A. Farhadi. Yolo9000: Better, faster, stronger[C]. Proceedings of the IEEE Conference on Computer Vision and Pattern Recognition (CVPR), Honolulu, USA, 2017, 7263-7271.

[61] K. He, G. Gkioxari, P. Dollár, et al. Mask R-CNN[C]. Proceedings of the IEEE International Conference on Computer Vision (ICCV), Venice, Italy, 2017, 2961-2969.

[62] J. R. Uijlings, K. E. van de Sande, T. Gevers, et al. Selective search for object recognition[J]. International Journal of Computer Vision, 2013, 104(2): 154-171.

[63] P. Arbelaez, J. Pont-Tuset, J. Barron, et al. Multiscale combinatorial grouping[C]. Proceedings of the IEEE Conference on Computer Vision and Pattern Recognition (CVPR), Columbus, USA, 2014, 328-335.

[64] C. L. Zitnick, P. Dollár. Edge boxes: Locating object proposals from edges[C]. European Conference on Computer Vision (ECCV), Zurich, Switzerland, 2014, 391-405.

[65] E. D. Cubuk, B. Zoph, D. Mane, et al. Autoaugment: Learning augmentation policies from data[J]. arXiv preprint arXiv:1805.09501,

2018.

[66] S. Xie, R. Girshick, P. Dollár, et al. Aggregated residual transformations for deep neural networks[C]. Proceedings of the IEEE Conference on Computer Vision and Pattern Recognition (CVPR), Honolulu, USA, 2017, 1492-1500.

[67] C. Zhang, C. Zhu, X. Xu, et al. Visual aesthetic understanding: Sample-specific aesthetic classification and deep activation map visualization[J]. Signal Processing: Image Communication, 2018, 67: 12-21.

[68] S. Ren, K. He, R. Girshick, et al. Faster R-CNN: towards real-time object detection with region proposal networks[J]. IEEE Transactions on Pattern Analysis and Machine Intelligence, 2017, 6: 1137-1149.

[69] X. Lu, Z. Lin, H. Jin, et al. Rapid: Rating pictorial aesthetics using deep learning[C]. ACM International Conference on Multimedia, Orlando, USA, 2014, 457-466.

[70] C. Cao, H. Ai. Adaptive ranking of perceptual aesthetics[J]. Signal Processing: Image Commu-nication, 2015 39:517-526.

[71] S. Kong, X. Shen, Z. Lin, et al. Photo aesthetics ranking network with attributes and content adaptation[C]. European Conference on Computer Vision (ECCV), Amsterdam, The Netherlands, 2016, 662-679.

[72] X. Geng, R. Ji. Label distribution learning[C]. International Conference on Data Mining Workshop (ICDMW), Dallas, USA, 2013, 377-383.

[73] Y. Zhang, L. Liu, C. Li, et al. Quantifying facial age by posterior of age comparisons[J]. arXiv preprint arXiv:1708.09687, 2017.

[74] S. Lapuschkin, A. Binder, K.-R. Müller, et al. Understanding and comparing deep neural networks for age and gender classification[C]. Proceedings of the IEEE Conference on Computer Vision and Pattern Recognition (CVPR), Honolulu, USA, 2017, 1629-1638.

[75] D. Needell, R. Ward, N. Srebro. Stochastic gradient descent, weighted

sampling, and the randomized kaczmarz algorithm[C]. Advances in Neural Information Processing Systems, Montreal, Canada, 2014, 1017-1025.

[76] S. Liu, X. Ou, R. Qian, et al. Makeup like a superstar: Deep localized makeup transfer network[J]. arXiv preprint arXiv:1604.07102, 2016.

[77] C. Zhang, C. Zhu, Y. Liu, et al. Image ordinal estimation: Classification and regression benefit each other[C]. Asia-Pacific Signal and Information Processing Association Annual Summit and Conference (APSIPA ASC), Kuala Lumpur, Malaysia, 2017, 275-278.

[78] E. Eidinger, R. Enbar, T. Hassner. Age and gender estimation of unfiltered faces[J]. IEEE Transactions on Information Forensics and Security, 2014, 9(12): 2170-2179.

[79] Y. Zhang, L. Liu, C. Li, et al. Quantifying facial age by posterior of age comparisons[J]. arXiv preprint arXiv:1708.09687v2, 2017.

[80] B. Zhou, A. Khosla, A. Lapedriza, et al. Learning deep features for discriminative localization[C]. Proceedings of the IEEE Conference on Computer Vision and Pattern Recognition (CVPR), Las Vegas, USA, 2016, 2921-2929.

[81] R. R. Selvaraju, A. Das, R. Vedantam, et al. Grad-cam: Why did you say that?[J]. arXiv preprint arXiv:1611.07450, 2016.

[82] S. Liu, X. Qi, J. Shi, et al. Multi-scale patch aggregation for simultaneous detection and segmentation[C]. Proceedings of the IEEE Conference on Computer Vision and Pattern Recognition (CVPR), Las Vegas, USA, 2016, 3141-3149.

[83] Z. Zhang, P. Luo, C. C. Loy, et al. Facial landmark detection by deep multi-task learning[C]. European Conference on Computer Vision (ECCV), Zurich, Switzerland, 2014, 94-108.

[84] K. K. Singh, Y. J. Lee. Hide-and-seek: Forcing a network to be meticulous for weakly- supervised object and action localization[C]. Proceedings of

the IEEE International Conference on Computer Vision (ICCV), Venice, Italy, 2017, 3544-3553.

[85] Y. J. Lee, A. A. Efros, M. Hebert. Style-aware mid-level representation for discovering visual connections in space and time[C]. Proceedings of the IEEE International Conference on Computer Vision (ICCV), Sydney, Australia, 2013, 1857-1864.

[86] Y. Ding, R. Deng, X. Shang. Image quality assessment employing joint structure-colour histograms as quality-aware features[J]. Electronics Letters, 2017, 53(25): 1644-1645.

[87] C. Zhang, C. Zhu, J. Xiao, et al. Image ordinal classification and understanding: grid dropout with masking label[C]. 2018 IEEE International Conference on Multimedia and Expo (ICME), San Diego, USA, 2018, 1-6.

[88] J. Zhao, X. Xie, X. Xu, et al. Multi-view learning overview: Recent progress and new challenges[J]. Information Fusion, 2017, 38: 43-54

[89] S. Sun. A survey of multi-view machine learning[J]. Neural Computing and Applications, 2013, 23(7-8): 2031-2038.

[90] C. Xu, D. Tao, C. Xu. A survey on multi-view learning[J]. arXiv preprint arXiv:1304.5634, 2013.

[91] A. Blum, T. Mitchell. Combining labeled and unlabeled data with co-training[C]. Proceedings of the Eleventh Annual Conference on Computational Learning Theory, Madison Wisconsin, USA, 1998, 92-100

[92] K. Chaudhuri, S. M. Kakade, K. Livescu, et al. Multi-view clustering via canonical correlation analysis[C]. International Conference on Machine Learning, Montreal, Canada, 2009, 129-136.

[93] T. Diethe, D. R. Hardoon, J. Shawe-Taylor. Multiview fisher discriminant analysis[C]. Advances in Neural Information Processing Systems (NIPS) Workshop, Vancouver, Canada, 2008, 1-8.

[94] X. Xu, L. Fah Cheong, Z. Li. Motion segmentation by exploiting complementary geometric models[C]. Proceedings of the IEEE Conference on Computer Vision and Pattern Recognition (CVPR), Salt Lake City, USA, 2018, 2859-2867.

[95] X. Lu, Z. Lin, X. Shen, et al. Deep multi-patch aggregation network for image style, aesthetics, and quality estimation[C]. Proceedings of the IEEE International Conference on Computer Vision (ICCV), Santiago, Chile, 2015, 990-998.

[96] J. Guo, S. Gould. Deep cnn ensemble with data augmentation for object detection[J]. arXiv preprint arXiv:1506.07224, 2015.

[97] L. Mai, H. Jin, F. Liu. Composition-preserving deep photo aesthetics assessment[C]. Proceedings of the IEEE Conference on Computer Vision and Pattern Recognition (CVPR), Las Vegas, USA, 2016, 497-506.

[98] N. Murray, L. Marchesotti, F. Perronnin. AVA: A large-scale database for aesthetic visual analysis[C]. Proceedings of the IEEE Conference on Computer Vision and Pattern Recognition (CVPR), Rhode Island, USA, 2012, 2408-2415.

[99] X. Tang, W. Luo, X. Wang. Content-based photo quality assessment[J]. IEEE Transactions on Multimedia, 2013, 15(8): 1930-1943.

[100] Y. Kao, R. He, K. Huang. Deep aesthetic quality assessment with semantic information[J]. IEEE Transactions on Image Processing, 2017

[101] T. Liu, Z. Yuan, J. Sun, et al. Learning to detect a salient object[J]. IEEE Transactions on Pattern Analysis and Machine Intelligence, 2011, 33(2): 353-367.

[102] Y. Kao, K. Huang, S. Maybank. Hierarchical aesthetic quality assessment using deep convolutional neural networks[J]. Signal Processing: Image Communication, 2016, 47: 500-510.

[103] J.-Y. Zhu, A. Agarwala, A. A. Efros, et al. Mirror mirror: Crowdsourcing

better portraits[J]. ACM Transactions on Graphics, 2014, 33(6): 234:1-12.

[104] L. Marchesotti, F. Perronnin, D. Larlus, et al. Assessing the aesthetic quality of photographs using generic image descriptors[C]. Proceedings of the IEEE International Conference on Computer Vision (ICCV), Barcelona, Spain, 2011, 1784-1791.

[105] T. Malisiewicz, A. Gupta, A. Efros, et al. Ensemble of exemplar-svms for object detection and beyond[C]. IEEE International Conference on Computer Vision (ICCV), Barcelona, Spain, 2011, 89-96.

[106] Y. Deng, C. C. Loy, X. Tang. Image aesthetic assessment: An experimental survey[J]. IEEE Signal Processing Magazine, 2017, 34(4): 80-106.

[107] W. Wang, M. Zhao, L. Wang, et al. A multi-scene deep learning model for image aesthetic evaluation[J]. Signal Processing: Image Communication, 2016, 47: 511-518.

[108] F. Stentiford. Attention based auto image cropping[C]. The 5th International Conference on Computer Vision Systems Workshop, Bielefeld, Germany, 2007, 253-261.

[109] J. Chen, G. Bai, S. Liang, et al. Automatic image cropping: A computational complexity study[C]. Proceedings of the IEEE Conference on Computer Vision and Pattern Recognition (CVPR), Las Vegas, USA, 2016, 507-515.

[110] M. Nishiyama, T. Okabe, Y. Sato, et al. Sensation-based photo cropping[C]. Proceedings of the 17th ACM international conference on Multimedia, Beijing, China, 2009, 669-672.

[111] C. Fang, Z. Lin, R. Mech, et al. Automatic image cropping using visual composition, boundary simplicity and content preservation models[C]. Proceedings of the 22nd ACM international conference on Multimedia,

Orlando, USA, 2014, 1105-1108.

[112] Y.-L. Chen, T.-W. Huang, K.-H. Chang, et al. Quantitative analysis of automatic image cropping algorithms:a dataset and comparative study[C]. IEEE Winter Conference on Applications of Computer Vision (WACV), Santa Rosa, USA, 2017, 226-234.

[113] K. Yueying, R. He, H. Kaiqi. Automatic image cropping with aesthetic map and gradient energy map[C]. IEEE International Conference on Acoustics, Speech and Signal Processing (ICASSP), New Orleans, USA, 2017, 1982-1986.

[114] K. Schwarz, P. Wieschollek, H. P. Lensch. Will people like your image? learning the aesthetic space[C]. IEEE Winter Conference on Applications of Computer Vision (WACV), Lake Tahoe, USA, 2018, 2048-2057.

[115] K. Ricanek, T. Tesafaye. Morph: A longitudinal image database of normal adult age-progression[C]. IEEE International Conference on Face and Gesture Recognition (FGR), Southampton, UK, 2006, 341-345

[116] H. Liu, J. Lu, J. Feng, et al. Ordinal deep feature learning for facial age estimation[C]. IEEE International Conference on Face and Gesture Recognition (FGR), Washington, USA, 2017, 157-164.

[117] S. Feng, C. Lang, J. Feng, et al. Human facial age estimation by cost-sensitive label ranking and trace norm regularization[J]. IEEE Transactions on Multimedia, 2017, 19(1): 136-148.

[118] J. Long, E. Shelhamer, T. Darrell. Fully convolutional networks for semantic segmentation[C]. Proceedings of the IEEE Conference on Computer Vision and Pattern Recognition (CVPR), Boston, USA, 2015, 3431-3440.

[119] L.-C. Chen, G. Papandreou, I. Kokkinos, et al. Deeplab: Semantic image segmentation with deep convolutional nets, atrous convolution, and

fully connected crfs[J]. IEEE Transactions on Pattern Analysis and Machine Intelligence, 2018, 40(4): 834-848.

[120]   R. Rothe, R. Timofte, L. Van Gool. Deep expectation of real and apparent age from a single image without facial landmarks[J]. International Journal of Computer Vision, 2016, 126(2-4): 144-157.

[121]   S. Chen, C. Zhang, M. Dong, et al. Using ranking-cnn for age estimation[C]. Proceedings of the IEEE Conference on Computer Vision and Pattern Recognition (CVPR), Honolulu, USA, 2017, 5183-5192.

[122]   H. Han, A. K. Jain, F. Wang, et al. Heterogeneous face attribute estimation: A deep multi-task learning approach[J]. IEEE Transactions on Pattern Analysis and Machine Intelligence, 2018, 40(11): 2597-2609

[123]   H. Pan, H. Han, S. Shan, et al. Mean-variance loss for deep age estimation from a face[C]. Proceedings of the IEEE Conference on Computer Vision and Pattern Recognition (CVPR), Salt Lake City, USA, 2018, 5285-5294.

[124]   F. N. Iandola, S. Han, M. W. Moskewicz, et al. Squeezenet: Alexnet-level accuracy with 50x fewer parameters and 0.5 mb model size[J]. arXiv preprint arXiv:1602.07360, 2016.

[125]   L. Sifre, S. Mallat. Rigid-motion scattering for image classification[D]. Ph.D. thesis, 2014.

[126]   T.-Y. Yang, Y.-H. Huang, Y.-Y. Lin, et al. Ssr-net: A compact soft stagewise regression network for age estimation[C]. International Joint Conferences on Artificial Intelligence, Stockholm, Sweden, 2018, 1078-1084.

[127]   Z. Zhong, L. Zheng, G. Kang, et al. Random erasing data augmentation[J]. arXiv preprint arXiv:1708.04896, 2017.

[128]   R. Rothe, R. Timofte, L. Van Gool. Some like it hot-visual guidance for preference prediction[C]. Proceedings of the IEEE Conference on

Computer Vision and Pattern Recognition (CVPR), Las Vegas, USA, 2016, 5553-5561.

[129] E. Agustsson, R. Timofte, L. Van Gool. Anchored regression networks applied to age estimation and super resolution[C]. Proceedings of the IEEE International Conference on Computer Vision (ICCV), Venice, Italy, 2017, 1643-1652.

[130] K. He, R. Girshick, P. Dollár. Rethinking imagenet pre-training[J]. arXiv preprint arXiv:1811.08883, 2018.

[131] H. Han, C. Otto, X. Liu, et al. Demographic estimation from face images: Human vs. machine performance[J]. IEEE Transactions on Pattern Analysis and Machine Intelligence, 2015, 6: 1148-1161.

[132] K. Luu, K. Ricanek, T. D. Bui, et al. Age estimation using active appearance models and support vector machine regression[C]. International Conference on Biometrics: Theory, Applications, and Systems, Washington, USA, 2009, 1-5.

[133] K. Luu, K. Seshadri, M. Savvides, et al. Contourlet appearance model for facial age estimation[C]. International Joint Conference on Biometrics, Washington, USA, 2011, 1-8.

[134] X. Wang, R. Guo, C. Kambhamettu. Deeply-learned feature for age estimation[C]. IEEE Winter Conference on Applications of Computer Vision (WACV), Waikoloa Beach, USA, 2015, 534- 541.

[135] H. Zhu, Q. Zhou, J. Zhang, et al. Facial aging and rejuvenation by conditional multi-adversarial autoencoder with ordinal regression[J]. arXiv preprint arXiv:1804.02740, 2018.

[136] S. Escalera, J. Fabian, P. Pardo, et al. Chalearn looking at people 2015: Apparent age and cultural event recognition datasets and results[C]. Proceedings of the IEEE International Conference on Computer Vision (ICCV) Workshop, Santiago, Chile, 2015, 1-9.

[137] F. Schroff, D. Kalenichenko, J. Philbin. Facenet: A unified embedding for face recognition and clustering[C]. Proceedings of the IEEE Conference on Computer Vision and Pattern Recognition (CVPR), Boston, USA, 2015, 815-823.

[138] E. Frank, M. Hall. A simple approach to ordinal classification[C]. European Conference on Machine Learning, Freiburg, Germany, 2001, 145-156.

[139] S. Lee, N. Maisonneuve, D. J. Crandall, et al. Linking past to present: Discovering style in two centuries of architecture[C]. IEEE International Conference on Computational Photography (ICCP), Houston, USA, 2015, 1-10.

[140] C. Doersch, A. Gupta, A. A. Efros. Mid-level visual element discovery as discriminative mode seeking[C]. Advances in Neural Information Processing Systems (NIPS), Lake Tahoe, USA, 2013, 494-502.

[141] J. Walker, A. Gupta, M. Hebert. Patch to the future: Unsupervised visual prediction[C]. Proceedings of the IEEE Conference on Computer Vision and Pattern Recognition (CVPR), Columbus, USA, 2014, 3302-3309

[142] J. Donahue, Y. Jia, O. Vinyals, et al. Decaf: A deep convolutional activation feature for generic visual recognition[J]. arXiv preprint arXiv:1310.1531, 2013.

[143] C. Doersch, S. Singh, A. Gupta, et al. What makes paris look like paris?[J]. ACM Transactions on Graphics, 2012, 31(4):103-110.

[144] T. Leyvand, D. Cohen-Or, G. Dror, et al. Data-driven enhancement of facial attractiveness[J]. ACM Transactions on Graphics, 2008, 27(3): 38:1-9.

[145] A. Kagian, G. Dror, T. Leyvand, et al. A machine learning predictor of facial attractiveness revealing human-like psychophysical biases[J]. Vision Research, 2008, 48(2): 235-243.

[146] J. Fiss, A. Agarwala, B. Curless. Candid portrait selection from video[J]. ACM Transactions on Graphics, 2011, 128:1-8.

[147] D. Parikh, K. Grauman. Relative attributes[C]. Proceedings of the IEEE International Conference on Computer Vision (ICCV), Barcelona, Spain, 2011, 503-510.

[148] M. H. Kiapour, K. Yamaguchi, A. C. Berg, et al. Hipster wars: Discovering elements of fashion styles[C]. European Conference on Computer Vision (ECCV), Zurich, Switzerland, 2014, 472- 488.

[149] H.-C. Shin, L. Lu, L. Kim, et al. Interleaved text/image deep mining on a large-scale radiology database for automated image interpretation[J]. arXiv preprint arXiv:1505.00670, 2015.

[150] K. Yamaguchi, T. Okatani, K. Sudo, et al. Mix and match: Joint model for clothing and attribute recognition[C]. British Machine Vision Conference(BMVC), Swansea, UK, 2015, 1-12.

[151] W. Ouyang, P. Luo, X. Zeng, et al. Deepid-net: multi-stage and deformable deep convolutional neural networks for object detection[J]. arXiv preprint arXiv:1409.3505, 2014.

[152] P. Felzenszwalb, D. McAllester, D. Ramanan. A discriminatively trained, multiscale, deformable part model[C]. Proceedings of the IEEE Conference on Computer Vision and Pattern Recognition (CVPR), Anchorage, USA, 2008, 1-8.

[153] T. Malisiewicz, A. Efros, et al. Recognition by association via learning per-exemplar distances[C]. Proceedings of the IEEE Conference on Computer Vision and Pattern Recognition (CVPR), Anchorage, USA, 2008, 240-247.

[154] A. Torralba, R. Fergus, W. T. Freeman. 80 million tiny images: A large data set for nonparametric object and scene recognition[J]. IEEE Transactions on Pattern Analysis and Machine Intelligence, 2008,

30(11): 1958-1970.

[155]　Y. Jia, E. Shelhamer, J. Donahue, et al. Caffe: Convolutional architecture for fast feature embedding[C]. ACM International Conference on Multimedia, Orlando, USA, 2014, 675-678.

[156]　Z. Wang, S. Chang, F. Dolcos, et al. Brain-inspired deep networks for image aesthetics assess- ment[J]. arXiv preprint arXiv:1601.04155, 2016.

[157]　W.-T. Sun, T.-H. Chao, Y.-H. Kuo, et al. Photo filter recommendation by category-aware aesthetic learning[J]. IEEE Transactions on Multimedia, 2017, 19(8): 1870-1880.

[158]　L. Zhang. Describing human aesthetic perception by deeply-learned attributes from flickr[J]. arXiv preprint arXiv:1605.07699, 2016.

[159]　G. Lihua, L. Fudi. Image aesthetic evaluation using paralleled deep convolution neural network[J]. arXiv preprint arXiv:1505.05225, 2015

[160]　L. Zhang, Y. Shen, H. Li. Vsi: A visual saliency-induced index for perceptual image quality assessment[J]. IEEE Transactions on Image Processing, 2014, 23(10): 4270-4281.

[161]　S. Bhattacharya, R. Sukthankar, M. Shah. A framework for photo-quality assessment and enhancement based on visual aesthetics[C]. Proceedings of the 18th ACM international conference on Multimedia, Firenze, Italy, 2010, 271-280.

[162]　Z. Dong, X. Shen, H. Li, et al. Photo quality assessment with DCNN that understands image well[C]. The International MultiMedia Modeling Conference (MMM), Sydney, Australia, 2015, 524-535.

[163]　Y. Ke, X. Tang, F. Jing. The design of high-level features for photo quality assessment[C]. Proceedings of the IEEE Conference on Computer Vision and Pattern Recognition (CVPR), New York, USA, 2006, 419-426.

[164] F. Zhu, H. Li, W. Ouyang, et al. Learning spatial regularization with image-level supervisions for multi-label image classification[J]. arXiv preprint arXiv:1702.05891, 2017.

[165] N. N. Oosterhof, A. Todorov. The functional basis of face evaluation[J]. Proceedings of the National Academy of Sciences, 2008, 105(32): 11087-11092.

[166] X. Liu, J. Gao, X. He, et al. Representation learning using multi-task deep neural networks for semantic classification and information retrieval[C]. The Conference of the North American Chapter of the Association for Computational Linguistics (NAACL), Minneapolis, USA, 2015, 912-921.

[167] A. Argyriou, T. Evgeniou, M. Pontil. Convex multi-task feature learning[J]. Machine Learning, 2008, 73(3): 243-272.

[168] J. Chen, L. Tang, J. Liu, et al. A convex formulation for learning shared structures from multiple tasks[C]. International Conference on Machine Learning, Montreal, Canada, 2009, 137-144.

[169] R. K. Ando, T. Zhang. A framework for learning predictive structures from multiple tasks and unlabeled data[J]. The Journal of Machine Learning Research, 2005, 6: 1817-1853.

[170] W. Ouyang, X. Chu, X. Wang. Multi-source deep learning for human pose estimation[C]. Proceedings of the IEEE Conference on Computer Vision and Pattern Recognition (CVPR), Columbus, USA, 2014, 2329-2336.

[171] J. Yosinski, J. Clune, Y. Bengio, et al. How transferable are features in deep neural networks?[C]. Advances in Neural Information Processing Systems, Montreal, Canada, 2014, 3320-3328.

[172] N. Srivastava, R. R. Salakhutdinov. Discriminative transfer learning with tree-based priors[C]. Advances in Neural Information Processing

Systems, Lake Tahoe, USA, 2013, 2094-2102.

[173]   M. Long, J. Wang, M. I. Jordan. Unsupervised domain adaptation with residual transfer net-works[J]. arXiv preprint arXiv:1602.04433, 2016

[174]   M. Long, J. Wang. Learning transferable features with deep adaptation networks[J]. arXiv preprint arXiv:1502.02791, 2015.

[175]   M. Long, J. Wang, J. Sun, et al. Domain invariant transfer kernel learning[J]. IEEE Transactions on Knowledge and Data Engineering, 2015, 27(6): 1519-1532.

[176]   W. Shen, Y. Guo, Y. Wang, et al. Deep regression forests for age estimation[J]. arXiv preprint arXiv:1712.07195, 2017.

[177]   M. Long, J. Wang. Learning multiple tasks with deep relationship networks[J]. arXiv preprint arXiv:1506.02117, 2015.

[178]   R. Caruana. Multitask learning[J]. Machine learning, 1997, 28(1): 41-75.

[179]   Liu Z H, Zou D W, Deng C Z, et al. A new de-noising algorithm for removal impuls noise based on detection of noise points[J]. Computer Engineering and Applications, 2005, 41(15): 41.

[180]   Gao K F, Guo J G. An adaptive median filtering algorithm based on noise detection [J]. Journal of Fujian Agriculture and Forestry University：Natural Science Edition, 2009, 38(3): 333.